河南省重点研发与推广专项（科技攻关）：基于多模态感知的仿生多指灵巧机械手控制关键技术研究（项目编号：232102211022）

大数据与人工智能研究

薛亚许　著

吉林大学出版社
·长春·

图书在版编目(CIP)数据

大数据与人工智能研究 / 薛亚许著．— 长春 ： 吉林大学出版社， 2023.1
ISBN 978-7-5768-1351-7

Ⅰ．①大… Ⅱ．①薛… Ⅲ．①数据处理－研究②人工智能－研究 Ⅳ．①TP274 ②TP18

中国版本图书馆 CIP 数据核字（2022）第 245662 号

书　　名：大数据与人工智能研究
　　　　　DASHUJU YU RENGONG ZHINENG YANJIU

作　　者：薛亚许
策划编辑：邵宇彤
责任编辑：杨　平
责任校对：单海霞
装帧设计：优盛文化
出版发行：吉林大学出版社
社　　址：长春市人民大街 4059 号
邮政编码：130021
发行电话：0431-89580028/29/21
网　　址：http://www.jlup.com.cn
电子邮箱：jldxcbs@sina.com
印　　刷：三河市华晨印务有限公司
成品尺寸：170mm×240mm　　16 开
印　　张：13
字　　数：210 千字
版　　次：2023 年 1 月第 1 版
印　　次：2023 年 1 月第 1 次
书　　号：ISBN 978-7-5768-1351-7
定　　价：78.00 元

PREFACE

前言

计算机科学技术的出现对人类世界产生了深刻的影响，显著地改变了人们工作和生活的方式。在计算机科学技术不断发展的今天，其涵盖的领域也在不断细分，在这些技术分支中，对大数据和人工智能的研究在近十年来一直十分火热。

大数据技术是随着互联网以及物联网技术的高度发展而产生的，由于互联网以及各类传感器在人类社会中的广泛应用，各种各样的数据被上传到网络世界中，这些海量的数据无疑具备相当重要的价值，但囿于硬件和软件的处理性能不足，在过去几十年间对于大数据的研究一直没有很大的进展。直到云计算技术出现，解决了大数据处理方面存在的“硬伤”，使得对海量数据进行整合、归类、再提取成为可能，让这座存在于人类世界半个世纪之久的数据“金矿”终于得以开采。

人工智能的概念自从20世纪提出以来便受到人们持续的关注，随着相关科研人员和从业人员在人工智能领域的不断拓展，越来越多的人工智能应用出现在我们的日常生活中，为人们生活中的方方面面都提供了便利。随着人工智能技术和大数据技术的不断深入绑定，也为人工智能技术的发展提供了更多的可能性。

本书首先介绍了大数据和人工智能的基本概念与特征、发展历程与现状，以及大数据和人工智能的关系。之后的内容由大数据技术篇和人工智能技术篇两部分组成，其中大数据技术篇详细介绍了大数据技术与数据处理、大数据挖掘及平台，以及大数据在相关行业的应用；人工智能技术篇则介绍了人工智能技术与处理、人工智能的关键算法、人工智能在各行各业的应用，最后对大数据与人工智能的未来发展进行了展望。鉴于作者水平有限，书中难免存在不足之处，恳请各位同行及专家学者予以斧正。

薛亚许
2023 年 3 月

CONTENTS

目录

第三篇 人工智能技术篇

第四篇 未来发展篇

第一篇　概述篇

第一章　大数据与人工智能概述

大数据技术和人工智能技术的发展，对提高社会生产效率具有重要的价值和作用。本章将介绍大数据和人工智能的概念与特征，对其发展历程与现状进行剖析，并在此基础之上探讨大数据和人工智能的关系。

第一节　大数据的概念与特征

一、大数据的概念

大数据（big data），又称巨量资料，指的是所涉及的资料量规模巨大到无法透过主流软件工具，在合理时间内达到撷取、管理、处理并整理成为帮助企业经营决策更积极目的的资讯。

根据麦肯锡全球研究所给出的定义，大数据是一种规模大到在获取、存储、管理、分析方面大大超出了传统数据库软件工具能力范围的数据集合，具有海量的数据规模、快速的数据流转、多样的数据类型和价值密度低四大特征。①

从互联网技术层面来看，大数据技术和云计算技术两者密不可分。一方面，大数据的处理和计算功能无法通过单台计算机实现，想要实现就必须采用分布式架构，对巨量的数据进行分布式挖掘，因此必须依托云计算的分布式处理、分布式数据库和云存储、虚拟化技术。另一方面，大数据带来的经

① 杜小武．数据库原理与应用 [M]. 西安：陕西师范大学出版总社，2018:100.

济效益能很好地为发展相关技术的企业提供反哺，使业界顶级互联网公司能在相关领域投入更多资金，促进相关技术发展。

大数据是如今数字化世界的新型战略资源，是未来互联网产业生态创新的重要组成因素，它正在改变人类原有的生产和生活方式，是人类文明进一步发展的重要基石。

二、大数据的特征

按照普遍共识，大数据的特征主要体现在以下四个方面：价值性（value）、高速性（velocity）、规模性（volume）、多样性（variety），如图 1–1 所示。一般情况下学术界将这四种特征合称为“4V”。①

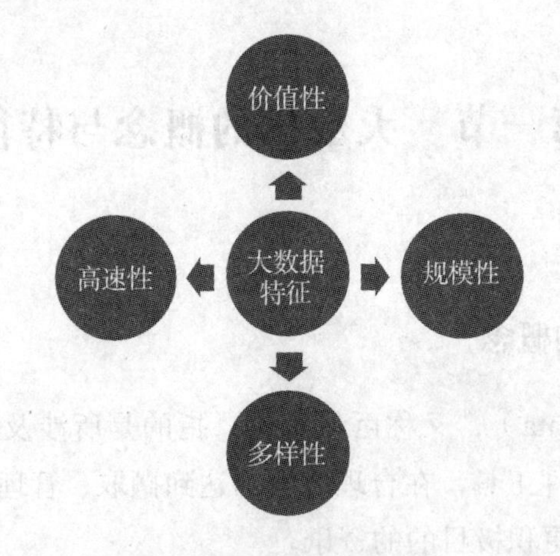

图 1–1　大数据的特征

（一）价值性

价值性可以说是大数据的核心特征，在现实世界的数据海洋之中，有价值的数据比例其实很小，单凭人力难以做到高效的检索和整合。大数据的核心竞争力体现在它可以从浩如烟海的各类数据组中挖掘有价值的信息链条，通过分析对未来的走势做出预测，并综合人工智能技术，使人工智能和大数据有机地结合在一起，发现新的知识、新的规律等，并将其应用在社会的各

① 余以胜，胡汉雄．解读互联网 +[M]．广州：华南理工大学出版社，2016：52.

个领域之中，从而达到优化社会治理结构、提高生产效率、推进新技术的发展等效果。

（二）高速性

与过去的档案、报纸等传统数据载体不同，大数据交换和分发是通过互联网、云计算等方式实现的，相比传统的信息交换和分发速度要快得多。大数据与传统数据的关键区别在于，大数据对数据处理的响应速度有更严格的要求，实时分析而非批量分析，数据输入、处理与丢弃立刻见效，几乎无延迟。数据的增长速度和处理速度是大数据高速性的重要体现。

（三）规模性

大数据的特点还体现在"海量"上，其存储单位范围从过去的 GB 发展到 TB，乃至现在的 PB、EB 级别。随着信息技术的飞速发展，数据已经开始爆炸式增长，数据源包括社交网络、移动网络和各种智能设备。例如，淘宝网约 4 亿会员，每天产生约 20TB 的商品交易数据，Facebook 公司（现已改名为 Meta）10 亿用户每天生成超过 300TB 的日志数据。对如此大量的数据进行实时统计、分析、预测和处理，迫切需要智能算法、强大的数据处理平台和新的数据处理技术。

（四）多样性

广泛的数据源决定了大数据形式的多样性。大数据可以大致分为三种类型：一类是结构化数据，如金融系统数据、信息管理系统数据、医疗系统数据等，特点是数据之间存在强因果关系；另一种是半结构化数据，如 HTML 文档、电子邮件、网页等，特点是数据之间的因果关系较弱；还有一类是非结构化数据，特点是数据之间没有因果关系。

第二节 大数据发展历程与现状

一、大数据的发展历程

在人类文明的初级阶段，人们记录事项采用“结绳记事”的方法；文字发明之后，人们开始用文字记录各种信息，这就是古人所说的“文以载道”；再到如今的信息时代，随着互联网技术的发展，我们将数据通过云技术存储在服务器。可以看出，无论人类处于哪个文明阶段，数据始终伴随着人类社会的发展脚步，这些来自人类日常生活和生存的巨量数据信息组成了人类的信息数据库，通过它我们可以了解人类文明万年来的巨大进步。在计算机技术出现之前，人类处理、整合信息数据的技术并没有本质上的进步，由于人类自身的数据处理能力有限，我们一直无法高效地储存和归纳大量的信息。这一切直到计算机技术发展成熟后才得到了巨大的改变，计算机技术在社会各个领域的应用，使得数据成为继矿藏物质和能源后的又一重要战略资源。

大数据发端于计算机领域，然后逐渐扩展到科学和商业领域。对于大数据，学者们普遍认为，大数据这一概念最早于 1998 年由美国高性能计算制造商硅图（SGI）的首席科学家约翰·马西（John Mashey）在一次国际会议的报告中提出。[①]他指出：随着数据量呈指数级增长，将会不可避免地出现四个难题，这四个难题分别是数据难以理解、难以获得、难以处理、难以整合。这激发了计算领域从业者的广泛思考。2007 年，数据库先驱吉姆·格雷（Jim Gray）指出，大数据将是人类接触、理解和逼近真实复杂系统的有效途径，他认为在实验观测、理论推导和计算仿真三种科学研究范式后，人们将迎来第四范式——数据探索。他的这个观点后来被同行研究人员总结为“数据密集型科学的发现”，并掀起了大数据研究的浪潮。[②]

① 梅宏. 大数据发展现状与未来趋势 [J]. 交通运输研究, 2019, 5(5):1-11.

② 同①.

大数据概念的宣传在2012—2013年间达到了媒体曝光的高峰，于2014年形成较为成熟的概念体系，群众对大数据的认知也慢慢归于理性。随着大数据相关的技术、产品、现实应用以及标准不断发展，市场逐渐将开源资料共享平台、开源工具、数据储存与下载的基础设施、信息数据分析中心、数据信息应用中心等板块整合起来，形成了大数据生态系统。该系统经不断地优化和发展完善，其发展重点逐渐从技术本身向实际应用及治理方面转移。历经多年来的发展，民众对大数据的看法和认知逐渐形成了初步的共识。大数据发展的核心在于用传统的信息检索技术及储存方式对信息和数据进行获取、管理和处理，对于巨量的信息数据集合，人们希望用一种可伸缩的计算机体系技术结构去高效地处理。

本质上，可以将大数据的价值概括为它是一种能够帮助人类处理人脑无法处理的复杂系统的全新工具。在理论上，大数据可以在合适的时间和空间尺度上用数字化的方式去表征现实世界的运行规律。在算力足够的条件下，大数据能实现高效率的数据分析，此时对客观世界的数字映像进行深度分析，将有机会对客观世界的复杂运转有更为深入的理解。换句话说，大数据技术为人类前沿技术的发展以及人类社会的发展提供了另一种可能性，通过大数据，我们有可能拥有全新的看待世间万物的方式以及知晓宇宙客观规律的手段，这也是近年来大数据技术受到如此高的关注的原因。

二、大数据的发展现状

在全球范围内，研究与发展大数据技术已是大势所趋，利用大数据技术促进经济发展、解决社会问题、提高政府的工作效率等课题已成为研究热点。我们大致可以从以下三个角度对当前大数据技术的发展现状进行梳理。

（一）大数据的应用

根据数据开发和应用深度的不同，大部分大数据应用都可以分成三个阶段。

第一阶段，描述性分析应用。这是指利用计算机检索技术从大数据数据库中总结提取所需要的信息和知识，从而可以让检索者更好地分析出结果，具有体现事物发展过程的作用。这方面技术应用得比较成功的有美国的

DOMO 公司，该公司利用企业合作客户的各个信息系统，从中提取并且整合大量的数据，再将其中有价值的信息做成统计图表、思维导图等可视化的形式交付给各个部门的员工，让他们从中获取信息并得出相应的决策。

第二阶段，预测性分析应用。这是指在得到足够多的样本后，通过大数据技术，充分分析其中的内在联系，从而对一些事物的发展趋势进行预测。这方面的典型案例有美国的微软公司，其通过与纽约的一家研究所合作，从社会的各种渠道采集和分析大量社会公共数据，如赌博市场、证券交易所、社交软件等，成功构建了一个复杂的预测模型。他们利用这个模型对 2014 年奥斯卡金像奖的归属结果进行了预测，24 项奥斯卡金像奖的归属该预测模型有 21 项预测正确，正确率高达 87%。①

第三阶段，人工智能引导分析。这是指人工智能可以通过大数据技术进行深度学习，在前两个阶段的基础上统计整合不同决策将导致的结果，从而对决策进行指导和优化。在这一领域比较成功的有美国的特斯拉公司，该公司生产的无人驾驶汽车可以利用雷达、摄像头等高科技传感器来精确感知道路的实时情况，还可以分析马路上可能出现的各种路况兼顾行驶过程中需要注意的各个环节，从而给出正确的决策或为驾驶者提供最合适的驾驶建议。

同时我们也应该注意，虽然大数据可以整合、处理远远超出人类能力范围的数据，在很多领域都有过成功的案例，但其安全性和稳定性还远远没有达到我们的预期。其中最典型的就是谷歌（Google）公司开发的 AlphaGo，AlphaGo 在 2016 年横空出世，与韩国著名棋手李世石进行了围棋界举世瞩目的“人机大战”，最终 AlphaGo 以 4 ∶ 1 大胜李世石，此一战标志着人类在智力游戏中最后的堡垒也被计算机攻克。② AlphaGo 的棋艺成长方式中就应用了大数据的概念，设计者给其设计了一套类人的学习框架，AlphaGo 通过自己和自己作战，反复学习棋谱，计算机程序不知疲倦、不需要休息，上百万甚至上千万盘围棋作战让其在围棋作战的每一步都得心应手，不仅如

① 央广网：侃科技：大数据逆天了 预测奥斯卡 24 个奖项中 21 个 [EB/OL].(2014-3-5)[2023-3-9].http://tech.cnr.cn/xwzx/news/201403/t20140305_514995808.shtml.

② 人民网：AlphaGO 凭什么战胜李世石 [EB/OL].(2016-3-16)[2023-3-9].http://it.people.com.cn/n1/2016/0316/c1009-28202266.html.

此，AlphaGo还大大改变了原来的围棋训练模式，人类棋手可以随时随地与“顶尖高手”对战，不再受时间和空间的限制。刚开始学习围棋的新人也可以随时得到“世界最高水平棋手”的陪练，这种便利在以前是不可想象的，毋庸置疑，大数据学习技术对围棋领域产生了深远的影响。但在另一些领域，如自动驾驶、军事指挥、医疗健康等，大数据指导的应用还是应该慎之又慎的，这类与人类生命、财产、发展和安全紧密关联的领域，要想真正放心地应用大数据指导技术，仍面临着重大理论基础和核心技术的挑战，在这种情况下，人们还不敢也不能轻易地把这些任务交给计算机大数据分析系统来完成，这意味着目前大数据的应用仍然处于初级阶段。随着相关技术的完善以及相关领域的拓展，大数据应用接下来更具开发价值的方向将是预测性和指导性应用。

（二）大数据的治理

在大数据技术给人们的生活带来便利之时，大数据技术所带来的负面影响也逐渐进入人们的视野，其中最为突出的就是用户的隐私安全问题。一方面，大数据对用户数据开放的需求十分强烈，如在手机中安装各种app时总会被要求开放各种权限，如手机定位等，这些手机权限的开放虽然确实会使手机的使用更加便利，但也有隐私泄露的风险。近年来人工智能取得的重要进展主要源于对巨量的信息数据进行的汇总、整合、再分析。而对于单独的某个互联网公司来说，想获得足够的数据源仅靠自身的数据积累是不够的，这就要求互联网大厂之间数据库共享开放以实现数据的跨域流通，只有这样才能建立信息完整的数据集合。

然而，当上述的这种大企业用户的信息数据共享机制构建完成后，数据的无序流通和共享又成为用户信息泄露的主要原因之一，对用户数据安全构成了很大的风险，必须对其加以严格的规范和限制。基于这个问题，国内外都出台了相关法案，其中欧洲出台了堪称史上最严格的数据安全管理法规《通用数据保护条例》（General Data Protection Regulation，GDPR），[①] 此条例于2018年正式生效。此条例正式执行之后，美国的Facebook（现更名为

① 王翔．欧盟《通用数据保护条例》(GDPR) 解读 [J]. 法制博览 ,2018,(34):195.

Meta）公司及谷歌公司被指控多项侵犯用户隐私安全罪名，一时间处在国际舆论的风口浪尖并面临大额罚款。两年后，美国推出了《加利福尼亚消费者隐私法案》（California Consumer Privacy Act，CCPA），该法案维护了消费者的权利，同时限制了相关企业搜集用户隐私数据的行为，在此情况下，过去各大互联网公司利用互联网技术大肆搜集用户数据、实现精准投送的这一典型互联网商业模式将面临重大挑战。

而站在另一个角度，我们也应该意识到，以上出台的这些规定也在一定程度上加大了数据共享和流通的基本成本，同时影响了信息数据高效整合的效率。如何才能在其中找到一个合理的平衡，做到兼顾效率和风险，把握好发展和安全的平衡，在保障用户隐私数据安全的情况下，不因噎废食，保证大数据技术的健康良性发展，这是如今世界上各大互联网公司共同面临的问题。

（三）大数据的技术

21世纪以来，全世界数字信息数据规模呈几何级数增长，海量的数据对现有的计算机技术体系构成了极大的挑战。大数据的理论和技术还有很大的成长空间，相关研究者们仍需不断关注未来大数据信息技术的更迭与革新。据相关机构的数据统计，2016年全球大数据存储量为16.1ZB，2017年增长到21.6ZB，在2019年更是飞涨到41ZB，该机构还预测2030年全球数据存储总量将达到2000ZB以上，[①] 这天文数字般的数据量已经远远超过目前全球算力所能处理的极限，这种在算力层面上的局限会导致大量的数据得不到即时的计算整理，而身处“暗域”。

随着大数据相关技术应用的不断发展，大数据领域将在学术界保持稳定的发展态势。目前看来，计算机数据处理能力的增长速度在未来的一段时期会远远落后于数据爆炸般的增长速度，二者的差距将会长久存在并随时间推移而不断扩大，这势必会倒逼互联网信息技术的变革，为大数据技术的发展带来更多的机遇。

① 前瞻产业研究院．全球大数据储量呈爆发式增长，预计2025年市场规模将达到19508亿元[EB/OL].(2020-12-28)[2023-3-14].https://www.elecfans.com/d/1441429.html.

第三节 人工智能的概念与特征

一、人工智能的概念

多年以来，人工智能技术一直在不断地发展，其定义也在不断更新。1956 年，在美国的汉诺斯镇召开的达特茅斯会议中，相关学者第一次提出了“人工智能（artificial intelligence，AI）”的概念，此次会议集结了一大批数学和信息领域的知名专家学者，在人工智能技术的发展史上具有浓墨重彩的一笔。

《辞海》对人工智能的定义是研究、开发用于模拟、延伸和扩展人的智能的理论、方法、技术及应用系统的技术科学。人工智能是计算机科学的一个分支，旨在了解智能的实质，并生产出新的能以与人类智能相似的方式作出反应的智能机器。研究领域包括智能机器人、语言识别、图像识别、自然语言处理、问题解决和演绎推理、学习和归纳过程、知识表征和专家系统等。

综上所述，人工智能是一门多方向、跨学科的学科，研究内容涉及数学、计算机科学、神经学、经济学、哲学等领域，在应用层面包括机器学习、模式识别、神经网络、复杂系统、知识处理等。

人工智能依靠模拟人类的视觉、听觉和触觉来准确感知外部刺激，如人脸识别、语言识别和触觉感知等。在获得信息后，人工智能系统可以像人一样独立、理性地进行思考，完成理解、记忆、认知、判断、推理、证明、解决、设计、规划、决策和验证等一系列类人类的思维活动，如专业指导系统、自动导航、自动驾驶、智能检测等。人工智能产品如无人机、智能机器人、水下探测器、外星球探测器等，这些智能产品可以在人类能力受限或者人力无法作用的情况下，做出正确的决策并执行，最终完成人类无法完成的工作。

随着人工智能理论和技术的不断发展以及相关联的应用场景与领域的不

断拓展，不难想见，未来与人工智能相关联的智慧产品将会逐渐解放人类的双手，为人类群体整体的进步做出贡献。

二、人工智能的特征

人工智能的特征体现在以下三点。

（一）利用计算机技术与数据整合技术，改善人类的生活

值得我们注意的是，无论人工智能技术发展到何种地步，有一个根本的原则是不能变的，那就是技术必须以人为本。这些系统由人类设计而来，依托人类编辑的程序框架和芯片等载体进行工作，通过采集数据并对数据进行二次加工、整合、处理和挖掘，从而产出有价值的信息。在理想的情况下，人工智能的设计必须体现出服务人类的特点，绝不能做出可能危害人类的行为，这是至关重要的。

（二）感知外界环境，与人类交互互补

人工智能系统具备通过传感器和其他设备来感知外部环境（包括人类）的能力，可以感知外界的声音、图像、气味等信息，并做出语音、表情、动作（执行器的控制）等反应。借助按钮、键盘、鼠标、屏幕等渠道，运用手势、姿势、表情、受力反馈等方式，人和机器可以实现交互和互动，机器会变得越来越“理解”人类，最终实现机器与人类的互补。因此，人工智能系统可以帮助人类做一些生产效率低、工作环境恶劣等人类不喜欢的工作，这些工作人类不愿做，机器可以做。这样，人类便可以充分发挥自身的优势，把更多的创造力、洞察力、想象力应用到更有价值的领域去。

（三）可不断学习进化，实现演化迭代

在理想情况下，人工智能系统具备一定的自适应特性和学习能力，这意味着人们需要在环境、数据或任务发生变化时，调整参数和更新优化模型。随着越来越广泛和细致的数字连接和扩展，人工智能使机械物体和人类主体的进化和迭代成为可能，这使得人工智能系统具有适应性、灵活性和可扩展性，以适应不断变化的现实世界环境，从而实现人工智能系统在人们生活的每一步生成丰富的应用程序。

第四节　人工智能发展历程与现状

一、人工智能发展历程

1936年，数学家艾伦·图灵（Alan Turing）首次提出用机器模拟人类的计算和逻辑思维过程并提出了图灵测试，这项成就也让他被誉为“人工智能之父”。[①] 自1956年达特茅斯会议首次提出“人工智能”概念以来，人工智能这一概念开始进入人们的视野，掀起了人工智能的第一次发展浪潮。在这一时期，以机器证明为核心的逻辑主义学派占据了主导地位，在数学定理证明、逻辑程序语言和产生式系统等方面取得了一系列成就。数学家在证明定理时，往往需要经历归纳、演绎和推理的过程，逻辑主义学派将逻辑证明的思想贯穿整个过程，使人们的智能行为通过计算机逻辑编程语言而完成。Prolog（programming in i.logic）语言由柯尔麦伦纳（Colmeraner）在1972年提出[②]，是极具代表性的计算机逻辑编程语言。它是一种基于逆向规则的演绎推理技术，程序易于编写和读取，具有自动模式匹配、回溯和递归功能；在关系数据库的基础上，建立了一个模拟人类记忆、归纳和推理的智能数据库。它具有格式固定、知识模块、影响间接和机器可读等特点。

人工智能的第二次发展浪潮以连接主义的繁荣为标志。科学家通过模拟人脑神经网络的感知、记忆和思维能力，建立了人工神经网络模型，实现信息的传输和加工。人工神经网络最早由马文·明斯基（Marvin Minsky）和西蒙·派珀特（Seymour Papert）于1969年提出。然而，他们也指出，以感知器为基本单元的人工神经网络有很大的局限性，不能智能地处理问题。虽然BP神经网络算法和Hopfield神经网络算法在这一时期相继问世，但并没有得到足

① 郝晓菲．人工智能之父：图灵[J]．天涯，2019(5):205.

② 高济，何钦铭．人工智能基础[M]．2版．北京：高等教育出版社，2008：25.

够的重视。直到 1986 年，鲁姆哈特（Rumelhart）和麦克利兰（McClelland）在《并行分布式处理》中系统完整地阐述了并行分布处理中的 BP 神经网络算法，并将平行分布处理的思想引入多层神经网络的学习中，不断修改网络的权重分布，最终实现知识的内化。这一理论的提出标志着人工智能进入发展的第二次浪潮，以人工神经网络为代表的连接主义主导了这一时期的研究趋势。

杰夫·辛顿教授是深度学习浪潮的开创者，同时，他也被视为神经网络的先驱，他对深度学习和神经网络中的算法和构造领域的发展，作出了基础性的贡献。[①] 通过对底层网络特征进行组合形成抽象的高层网络特征，可以在大数据环境中学习有效的特征表示，并将其用于信息的分类、回归和检索。深度神经网络包含多个隐含层，具有良好的特征学习能力，这种神经网络的学习便是深度学习。目前，深度学习的思想已经应用于人脸识别、语音识别、目标检测、无人驾驶等技术领域。

自从深度学习算法技术提出以来，人工智能技术的应用取得了显著的发展。2012 年以来，互联网大数据的指数级增长为人工智能提供了充足的“营养”，深度学习算法大幅提升了其语音和视觉识别的能力，使人工智能产业落地和商业化成为可能。人工智能的智能水平基于机器的学习，除了先进的算法和硬件计算能力，大数据技术也是机器学习的关键。大数据能够更好地训练机器，提升机器的智能水平，并做到数据越丰富、越完整，智能机器的识别就越准确。因此，在未来，大数据将是企业间竞争的真正资本。

在最近的几年，随着数字经济的不断发展，人工智能发展迅速，与各种应用场景深度融合，达到了优化产业结构和提高生产力的效果。在此期间，相关技术领域的从业者也愈发成熟，对人工智能行业有了深刻的理解，为人工智能技术的进一步发展做好了人才储备，人工智能已成为促进经济创新发展的重要技术。

二、人工智能发展现状

对于人工智能的发展现状，社会上存在一些“炒作”。比如说，认为人

① 陈顺军 . AI 新零售 重构新商业 [M]. 北京：中国铁道出版社，2020:69.

工智能系统的智能水平即将全面超越人类水平、30 年内机器人将统治世界、人类将成为人工智能的奴隶，等等。这些有意无意的“炒作”和错误认识会给人工智能的发展带来不利影响。因此，制定人工智能发展的战略、方针和政策，首先要准确把握人工智能技术和产业发展的现状。

（一）专用人工智能取得重要突破

从可应用性看，人工智能大体可分为专用人工智能和通用人工智能。面向特定任务（比如下围棋）的专用人工智能系统由于任务单一、需求明确、应用边界清晰、领域知识丰富、建模相对简单，形成了人工智能领域的单点突破，在局部智能水平的单项测试中可以超越人类智能。人工智能的近期进展主要集中在专用智能领域。例如，AlphaGo 在围棋比赛中战胜人类冠军，人工智能程序在大规模图像识别和人脸识别中达到了超越人类的水平，人工智能系统诊断皮肤癌达到专业医生水平。

（二）通用人工智能尚处于起步阶段

人的大脑是一个通用的智能系统，能举一反三、融会贯通，可处理视觉、听觉、判断、推理、学习、思考、规划、设计等各类问题，可谓“一脑万用”。真正意义上完备的人工智能系统应该是一个通用的智能系统。目前，虽然专用人工智能领域已取得突破性进展，但是通用人工智能领域的研究与应用仍然任重而道远，人工智能总体发展水平仍处于起步阶段。当前的人工智能系统在信息感知、机器学习等“浅层智能”方面进步显著，但是在概念抽象和推理决策等“深层智能”方面的能力还很薄弱。总体上看，目前的人工智能系统可谓有智能没智慧、有智商没情商、会计算不会“算计”、有专才而无通才。因此，人工智能依旧存在明显的局限性，依然还有很多“不能”，与人类智慧还相差甚远。

（三）人工智能创新创业如火如荼

全球产业界充分认识到人工智能技术引领新一轮产业变革的重大意义，纷纷调整发展战略。比如，谷歌在其 2017 年年度开发者大会上明确提出发展战略从“移动优先”转向“人工智能优先”，微软 2017 财年年报首次将人工智能作为公司发展愿景。人工智能领域处于创新创业的前沿。麦肯锡公司报告指出，2016 年全球人工智能研发投入超 300 亿美元并处于高速增长阶段；全球知名风投调研机构 CB Insights 报告显示，2017 年全球新成立人工智能创业公司 1 100 家，人工智能领域共获得投资 152 亿美元，同比增长 141%。

（四）创新生态布局成为人工智能产业发展的战略高地

信息技术和产业的发展史，就是新老信息产业巨头抢滩布局信息产业创新生态的更替史。例如，传统信息产业代表企业有微软、英特尔、IBM、甲骨文等，互联网和移动互联网时代信息产业代表企业有谷歌、苹果、脸书、亚马逊、阿里巴巴、腾讯、百度等。人工智能创新生态包括纵向的数据平台、开源算法、计算芯片、基础软件、图形处理器等技术生态系统和横向的智能制造、智能医疗、智能安防、智能零售、智能家居等商业和应用生态系统。目前智能科技时代的信息产业格局还没有形成垄断，因此全球科技产业巨头都在积极推动人工智能技术生态的研发布局，全力抢占人工智能相关产业的制高点。

（五）人工智能的社会影响日益凸显

一方面，人工智能作为新一轮科技革命和产业变革的核心力量，正在推动传统产业升级换代，驱动“无人经济”快速发展，在智能交通、智能家居、智能医疗等民生领域产生积极正面影响。另一方面，个人信息和隐私保护、人工智能创作内容的知识产权、人工智能系统可能存在的歧视和偏见、无人驾驶系统的交通法规、脑机接口和人机共生的科技伦理等问题已经显现出来，需要抓紧提供解决方案。

第五节　大数据和人工智能的关系

作为当前研究界备受瞩目的两大技术，人工智能的发展要稍早于大数据，早在20世纪50年代，人工智能技术就已经在一步步地发展，对人工智能技术的畅想在当时好莱坞的影视作品中就有所体现；大数据概念的提出就相对晚得多，大数据这一概念在2010年左右才形成。[①] 人工智能和大数据是两种紧密相连的技术，二者既有一定的联系，也有一定的差异性。

一、大数据和人工智能的联系

一方面，人工智能产品想要发挥其智能离不开数据的支撑，有了数据作支撑，机器才能实现不断的学习。举个例子来说，目前人工智能技术应用比较广泛的领域是图像识别，如果想让一台智能机器识别汽车，就应该让其应用程序查看成千上万辆的汽车图像，掌握汽车的特征与构成，从而成功地识别出它们。人工智能程序在实际应用前学习的数据量越大，其最终得出的判断就越准确。之前，人工智能算法囿于硬件性能，不能实现人们期望的功能。而如今，大数据技术为人工智能提供了巨量的信息数据，为人工智能的发展打下了坚实的基础，甚至可以说，没有大数据就没有人工智能今日的成果。

另一方面，大数据技术为人工智能提供了强大的存储和计算能力。在20世纪，所有的人工智能算法都依赖于单机存储和单机算法，而在大数据时代，传统的单机存储和单机算法在海量数据面前显得力不从心甚至无能为力。大数据集群技术（主要是分布式存储技术和分布式计算技术）可以为人工智能提供强大的存储和计算能力。

二、大数据和人工智能的差异性

人工智能和大数据之间也有明显的区别。人工智能技术是一种计算形式，

① 朱二喜，华驰．大数据导论[M]．北京：机械工业出版社，2021:9.

它允许机器执行认知层面的功能，比如对输入进行响应，就像人类一样，但大数据是传统计算，它不会根据结果采取行动，只会寻找结果。

此外，人工智能和大数据技术实现目标时使用的手段也不同。大数据的主要目的是通过对数据的比较分析来理解和推断出更好的解决方案。以视频推送为例，用户之所以会收到不同的推送内容，是因为大数据会根据用户每天观看的内容，综合考虑用户的观看习惯，从而预测哪些内容是用户感兴趣的，然后将其精准推送给用户。而人工智能的发展是为了协助人或取代人工，以便更快、更恰当地完成特定任务或做出特定决策。一些人工智能应用场景如自动驾驶汽车、自动调整软件和医学样本测试等，人工智能可以和人类执行相同的任务，而不同之处在于人工智能速度更快，更不容易出错。人工智能可以利用计算机的处理能力来执行重复性的任务，从而有效地实现目标。

第二篇　大数据技术篇

第二章 大数据技术与数据处理

随着一代代学者在大数据领域的不断拓展，大数据的基础理论研究愈加成熟，学者们开始把研究重心放在大数据的算法和模型上，并取得了不小的进展。目前，如何进一步地高效处理数据并保证数据安全，已成为学者们需要关注的课题。

第一节 大数据技术的内容

一、数据来源和分类

（一）数据来源

1. 商业数据

商业数据，是指一个产业价值链上各个重要环节的历史信息和即时信息的集合，其内容包括企业内部数据、分销渠道数据、消费市场数据等。[①] 商业数据不但能揭示这个产业的历史，还能反映产业的最新发展，更重要的是能预示产业的未来，为该产业价值链上各类企业的规划、营销、管理等提供可靠的咨询和指导。大量产业的商业数据的集合，就是商业数据平台。商业数据平台不但能进行产业内的横向和纵向比较，还能进行产业间的比较，更能监控各产业的即时发展情况，功能更加强大。

① 姚琦，阿力扎提·阿不来提．数据本地化措施的路径思考——以 APEC、RCEP 和 USMCA 等规则为视角 [J]. 区域与全球发展，2022(2):46-63.

2. 网络数据

网络数据是指以后台数据库为基础，加上一定的前台程序，通过浏览器完成数据存储、查询等操作的系统。[①] 这个概念看上去很抽象，我们可以把它说得通俗一点。简单地说，一个网络数据库就是用户将浏览器作为输入接口，输入所需要的数据，浏览器将这些数据传送给网站，由网站再对这些数据进行处理。例如，将数据存入数据库，或者对数据库进行查询等操作，最后网站将操作结局传回浏览器，通过浏览器将结局告知用户。网络数据借助大数据和相关的一系列技术，能够对不同特性的客户开展针对性营销工作，真正地实现让每一个产品找到合适的客户，让每一个客户找到合适的产品，满足客户的需求，服务更为周到，真正地实现个性化精准营销。

3. 科研数据

越来越多的科学研究也产生了海量数据，而且一些学科的发展对这些海量数据的分析极为依赖，这些学科主要包括光学观测与检测、计算生物学、天文学和高能物理学。这些领域不仅会产生大量数据，还需要全世界科学家的合作来分析数据，这些数据的总量之庞大为相关研究者的工作进展造成了不小的麻烦。[②]

（二）数据分类

1. 结构化数据

结构化数据（structured data）中涉及的所有数据都以行和列的形式存储在数据库的结构化查询语言（structured query language，SQL）中，它们可以很容易地映射到预定义的字段。[③] 结构化数据通常由 SQL 管理，SQL 是一种在关系数据库管理系统中用于管理和查询数据的编程语言。结构化数据具有易于集中、存储、查询和分析的优点。

---

① 刘宝锺 . 大数据分类模型和算法研究 [M]. 昆明：云南大学出版社，2019：24.

② 李元章，何春雄 . 分类数据模型及应用 [M]. 广州：华南理工大学出版社，2013：32.

③ 阿兰・阿格莱斯蒂 . 分类数据分析 [M]. 齐亚强，译 . 重庆：重庆大学出版社，2012：54.

2. 半结构化数据

半结构化数据（semi-structured data）是不存在于关系数据库中但具有一些易于分析的组织属性的信息。将半结构化数据存储在关系数据库中，可以节省空间。半结构化数据的示例包括 CSV、XML 和 JSON 文档，它们都是半结构化文档。①

3. 非结构化数据

非结构化数据（unstructured data）指既无预定义的数据模型，也无法以预定义的方式组织的信息。非结构化数据通常是重文本的，但也可能包含日期、数字等数据。② 与数据库中存储在域中的数据相比，非结构化数据具有不规则性和模糊性，传统的程序很难去处理。数据挖掘、自然语言处理（NLP）和文本分析等技术提供了不同的方法来发现或解释这些信息中的模式。非结构化数据是指不符合大数据特定格式的数据，包括书籍、期刊、文档、音频、视频、图像、非结构化文本等。如果企业可用的数据中，20% 是结构化数据，那么基本上剩余 80% 的数据是非结构化数据。我们遇到的大多数数据都是非结构化数据，非结构化数据的增长速度很快，它们的利用率越高越有助于业务决策。

二、数据采集

数据采集是指从现实世界中的相关对象处获取原始数据的过程。③ 如果采集到的数据不准确，就会影响后续的数据处理，可能会得到无效的结果。数据采集的方法有很多，在选择采集方法时，不仅要考虑数据源的物理性质，还要考虑数据分析的目的。其中，传感器、日志文件、Web 爬虫的应用是目前使用最广泛的几种数据采集手段。

---

① 张引．半结构化数据管理关键算法研究与实证 [M]. 北京：中国社会科学出版社，2018：51.

② 吉恩·保罗·艾森．非结构化数据分析 [M]. 卢苗苗，苏金六，和中华，等译．北京：人民邮电出版社，2020：24.

③ 童杰，冉孟廷，肖欢．大数据采集与数据处理 [M]. 上海：上海交通大学出版社，2022：12.

传感器是非常重要的数据采集途径之一，其可以获取现实世界中的物理、化学和生物信息，并将获取的信息传递给人或其他设备。它是人们探索世界不可或缺的感知工具。在不同的技术领域，传感器也被称为探测器、转换器等。目前，传感器已与微处理器和通信设备紧密结合。无线传感器网络是传感器、微处理器和无线通信相结合的产物。传感器技术是一种以传感器为核心，结合测量技术、微电子技术、精密微加工技术、信息处理技术和计算机技术形成的密集综合技术。[①] 传感器作为感知外部世界的重要设备，广泛应用于科学研究、工程、物联网等方面。其主要应用领域有以下几方面。

（一）工业自动化

在工业自动化系统中，需要传感器实时监测工业生产过程中各个环节的参数。因此，传感器在工业自动化监控系统中得到了广泛的应用。其典型应用领域包括石油、电力、冶金、机械制造、化工和生物等。

（二）航空航天

在航空航天领域，传感器技术起着十分重要的作用，探测飞行姿态、高度、方向、速度、加速度等参数时都离不开它。

（三）资源开发与环境保护

传感器通常用于探测陆地、海洋和空间环境等参数，以探测资源和保护环境。例如，磁性传感器可用于检测是否有铁矿石，化学和生物传感器可用于监测海洋和大气环境是否良好。

（四）医学

在物联网中，可穿戴设备是目前的一个发展热点，它可以实时采集体温、血压、呼吸等生理参数，这些参数的采集需要相应的传感器。此外，我们熟悉的 CT、B 超和 X 光机是大型电磁、超声波和射线传感器，但它们已经做了进一步的信息处理。

---

① 付华．传感器技术 [M]. 北京：煤炭工业出版社，2015：45.

（五）家用电器

传感器还广泛应用于家用电器，如空调、洗衣机、微波炉等。

21 世纪以来，世界各国都在积极开展智能传感器技术的研究和开发，从广义上来说，所有具有一种或多种数据采集功能，并能够对数据进行感应、探测、判断，以及能实现自修复、自检测功能的装置，都可称为智能传感器。智能传感器也是目前我国相关学者的重点研究方向。

三、数据存储与管理

数据存储（data storage）是大数据技术存在的基础，目前，一般依靠云计算技术解决大数据持久存储和管理的问题。由云计算概念延伸出的云存储技术可以将大量的离散设备产生的数据文件有机地整合在一起，形成一个高效、便利、稳定的系统。[①] 而作为云存储技术的关键系统，分布式文件系统可以使不同智能终端系统中的不同存储设备相互协助，从而共同对外提供服务，大大提升用户的数据访问体验。相比传统的存储技术，分布式文件系统更加安全、便于使用且易于维修。

传统的数据存储和管理主要针对的是结构化数据，因此关系数据库管理系统（RDBMS）可以广泛地使用以满足各种应用需求。而大数据通常以半结构化和非结构化数据为主要组成部分，结构化数据只占很小的比例，并且大数据通常用于对不同类型数据内容的检索、交叉比较、深度挖掘和综合分析等。面对此类应用需求，传统的数据库在技术和功能上都很难支持。因此，近年来出现了 OldSQL、NoSQL 和 NewSQL 三类数据库共存的局面。由于整体数据类型不同，大数据的存储和管理采用的技术路线大致分为三种。

第一种主要面向大规模结构化数据。针对这种数据，通常会使用新的数据库集群，通过列存储、行列混合存储、粗粒度索引等技术，架构高效的分布式计算模式，实现对超大量级的数据的存储和管理。该集群具有高性能、可扩展性高等特点，已广泛应用于企业分析等领域。

---

① 维尔弗里德·勒玛肖，赛普·凡登·布鲁克，巴特·巴森斯．数据库管理：大数据与小数据的存储、管理及分析实战 [M]. 李川，林旺群，郭立坤，等译．北京：机械工业出版社，2020：15.

第二种主要面向半结构化和非结构化数据。针对此类数据，使用基于Hadoop开源系统架构的系统平台会得到更好的效果。

第三种面向结构化和非结构化混合的大数据，一般采用并行数据库集群和Hadoop集群的混合来处理海量的数据。

四、数据分析

数据分析技术是指利用数学的知识和工具对数据库进行整合、变化和建模，最终从海量的数据库中总结出有价值的信息。[①] 虽然根据需要的不同，数据类型和特性不尽相同，但其都能适用一些共同的技术。

（一）数据分析的目的

数据分析的目的包括以下几点：①通过分析数据的特征，正确地使用数据；②确定数据的呈现是否符合相关法律法规；③通过对数据的分析，为下一步的决策给出建议；④通过对数据的归纳总结，找出错误原因并加以防范；⑤通过对大量数据的整合分析，对未发生的事项进行预测。

（二）数据分析的分类

由于数据库的数据来源多种多样，因此适用的分析方法也不尽相同，习惯上一般根据数据性质的不同将其分为定性数据或定量数据、单一维度数据或多元维度数据等。根据这些数据属性的不同，对其分析的深度也能分出三个层次。

1. 描述性分析

描述性分析指的是利用从数据集团中发生的趋势并将其进行可视化，使得系统对某件事项的表述更加直观。[②]

2. 预测性分析

预测性分析指的是通过数学建模以及数据函数化的方式，发现数据的变

① 沈学桢．数据分析技术[M]. 上海：立信会计出版社，2005:36.

② 罗森林，潘丽敏．大数据分析理论与技术[M]. 北京：北京理工大学出版社，2022:14.

化趋势，从而预测未来的输出结果，从一定程度上对未来事件的发生概率进行预测。①

3. 规则性分析

规则性分析指的是利用仿真系统去分析较为复杂的一些数据集，发现并规整问题，从而制定决策并提高系统架构的数据分析。②

（三）常见的数据分析方法

1. 数据可视化

数据可视化指的是用图表、图形的方式形象地展示信息。相比于数据的简单堆砌，图像、表格的呈现可以有效地帮助人们理解信息。③但是，数据可视化也不是万能的，一旦数据量大到一定的程度，传统的表格技术就无法对其进行有效的处理，因此大数据的可视化已成为目前相关学者研究的重点。

2. 统计分析

作为应用数学的一个分支，统计分析技术通过运用统计学的理论进行建模，对数据的随机性和不确定性进行进一步处理。统计分析技术又可分为描述型统计技术和推断型统计技术。④

3. 数据挖掘

数据挖掘技术旨在进一步发现同类大数据中潜在的、有价值的信息，其目标是帮助数据系统构建一个相关的决策模型，从而根据过往的数据规律预测未来某件事物的行为和走向。⑤目前有很多数据挖掘算法已在计算机的各个领域得到了广泛的应用。

① 郭洪伟．数据分析方法与应用 [M]. 北京：首都经济贸易大学出版社，2021:36.
② 郭洪伟．数据分析方法与应用 [M]. 北京：首都经济贸易大学出版社，2021:40.
③ 李伊．数据可视化 [M]. 北京：首都经济贸易大学出版社，2020:24.
④ 岳晓宁．数据统计与分析 [M]. 北京：机械工业出版社，2022:36.
⑤ 朱玉全，杨鹤标，孙蕾．数据挖掘技术 [M]. 南京：东南大学出版社，2006:15.

第二节　大数据关联技术

一、大数据与物联网

物联网，顾名思义就是物物相连的互联网。[①] 随着各类探测器、传感器以及互联网信息技术的不断更新迭代，物联网已经成为大数据数据库的主要信息源。跟传统的互联网技术不同的是，物联网技术并不以人为核心，并不以采集人类工作生活的信息为主，而是以“物”或者客观世界的数据为采集对象。通过物联网技术，可以实现智慧城市、智能交通、智能医疗等惠民服务，这些服务的实现也离不开如今各种智能设备的紧密相连，从智能手环到智能手表，再到智能手机、智能电视，这些智能设备可以实时记录用户产生的巨量数据，这些设备和数据也在加速物联网技术的不断进步。

物联网是一种以数据为中心的网络，这个特性使得所有和物联网进行交互的应用同样是以数据为中心的。这点可以通过生活中的一些例子来说明。例如，人们在查天气预报时，不会去搜索“某地的某个温度探测器显示读数多少”，而是会直接搜索“某地今天多少摄氏度”。从中可以看出处于物联网技术的核心位置的是各类传感器感知到的数据，这就要求相关技术的研究和开发人员把物联网数据存储和管理技术的优化开发的优先级提到最高。

物联网大数据的“大”和“快”给数据存储和管理带来了前所未有的挑战。随着物联网规模的迅速扩大，“大”数据量、“快”数据等传统概念被重新定义。在物联网的应用场景中，其数据量之“大”和“快”体现在数十亿计的数据总集和每秒数十万条的数据入库速度。一般来说，物联网中的传感器数量越多越好。

物联网技术产生的巨量数据对传统的数据存储和管理技术提出了不小的

① 刘音，王志海．计算机应用基础 [M]. 北京：北京邮电大学出版社，2020：200.

挑战。比如物联网的重要应用方向之一的图像采集和识别系统，其分布式系统 Hadoop 在数据图像写入存储时只能提供 15MB/s 的写入速度。而其数据检索服务一般只能以离线批量索引构建的形式提供，在具体页面上，其目标识别速度只有每秒几十帧的速度。在任务管理和控制方面，其也不支持有效的能耗任务调度。尽管数据量和速度的爆炸式增长是数据管理的一大挑战，但与此同时其也为城市安全、能源、物流和其他行业大规模应用的发展提供了机遇。预计随着时间的推移，大数据还将继续将促进相关领域的更快发展，形成物联网大数据并最终实现“万物互联”。与此同时，物联网大数据存储与管理将为智慧交通、智慧医疗、环境监测、目标识别等社会职能服务系统提供强有力的技术支撑。因此如何能进一步提高物联网大数据的储存和管理技术，是十分值得相关从业人员花费时间和精力进一步探寻的。

二、大数据与虚拟现实技术

（一）虚拟现实技术的概念

对虚拟现实（virtual reality，VR）技术的定义一般分为广义和狭义两种。狭义的定义认为虚拟现实技术是一种先进的人机交互方式。[①] 在这种技术的加持下，虚拟现实技术也被称为“基于客观自然世界的人机接口”，在虚拟现实环境中，用户看到的是彩色的、三维的、随着视角变化的场景，听到的声音是立体的、仿真的，手、脚和其他身体部位也可以感受到虚拟环境反馈给自身的力，这些技术都能让用户感觉身临其境。换句话说，在虚拟现实的世界中，人们可以获得来自虚拟世界的光、影、声、力等反馈，从而得到跟现实世界相同的体验。

广义的定义认为，虚拟现实技术是对虚拟想象、多感官的三维虚拟世界的模拟。它不仅是一个人机界面，还是对虚拟世界内部的模拟。人机交互界面采用虚拟现实的方式，真实再现特定的环境，然后用户以自然的方式接受和响应模拟环境中的各种感官刺激，并与虚拟世界中的人和物体进行思维和行为交流，从而让用户有置身于真实环境中的感觉。虚拟现实系统产生的虚

① 迈克尔·里德帕思．虚拟现实 [M]. 龚怡祖，译．南京：译林出版社，1997:46.

拟世界不同于一般的虚拟世界，虚拟现实产生的虚拟世界可以称为“计算机生成并存在于计算机中的三维虚拟世界”，这个虚拟世界或环境不是自然形成的，其需要人工搭建和维护。

上述所谓虚拟世界一般被分为两类，其中一种是对真实世界的再现。例如，可以利用虚拟现实技术将现实中的名胜古迹进行全方位的数据扫描，用户便可足不出户在家逛遍卢浮宫、金字塔等名胜古迹。另外，除了对现实的记录，这类技术也能对名胜古迹的保护和修复起到重大作用，虚拟现实技术可以将古代建筑群、壁画、雕像等容易受到时间侵蚀的文物进行记录，使其在虚拟世界中得到永久保存。不同于现在的我们无法见到古代的社会风貌，未来世界的人类可以很轻松地从计算机影像系统中看到我们这个时代的风貌，甚至还能在以我们这个时代数据搭建的虚拟现实世界与我们的人物形象进行互动。而在文物修复的层面上，在 2019 年 4 月 15 日，法国的巴黎圣母院发生了一场大火，大量的历史文物在这场灾难中受到了损坏，在工作人员对巴黎圣母院进行修复时，有热心的群众向他们表示，在一款大型单机游戏《刺客信条》中，存在着对圣母院极为细致的游戏数据建模，当年这款游戏开发之时，游戏开发者们为了这个场景专门到圣母院对其进行了极其细致的扫描记录，最终相关维修部门也确实从这款游戏的记录中受益颇多。由这个例子就可以看出，根据现实世界的数据搭建的虚拟现实世界能对现实世界有着积极的反馈。而另一种虚拟现实世界则是完全虚构的世界，这类世界的搭建多为游戏业务服务，用户或者说玩家们可以获得与现实世界完全不同的体验。

与传统的人机交互系统相比，虚拟现实技术已经做出了很大的改进，体现在以下三个方面。

1. 人机接口形式的改进

传统计算机通常使用显示器、键盘和鼠标等接口设备与人进行交互。这些设备基本上可以满足各种数据和多媒体信息的交互，因此自从计算机发明以来，键盘和鼠标就一直被广泛使用。这种接口设备是专门为计算机设计的，人们在操作计算机时必须学习这些设备的相关操作。而在虚拟现实系统中，强调基于自然的交互方式，采用三维鼠标、头盔显示器、数据手套和空间跟踪设备。通过这些特殊的输入和输出设备，用户可以使用自己的视觉、听觉和触觉感知环境，并以自然的方式与虚拟世界互动。这些设备不是专门为计算机设计的，而是专门为人设计的。这也是虚拟现实技术中最具特色的内容，充分体现了计算机人机交互的新方式。

2. 人机交互内容的改进

自20世纪40年代计算机发明以来，其最早的应用是数值计算。当时，它主要处理与计算有关的数值。从那时起，计算机的处理功能已经扩展到处理各种数据，如数值、字符串、文本等。近年来，它已经扩展到处理图像、图形、声音、动画和其他媒体信息。在虚拟现实系统中，计算机提供的不仅是“数据和信息”，还有各种媒体信息的“环境”，环境是计算机处理的对象，是人机交互的内容。人机交互内容的改进开辟了计算机应用的新思路，反映了计算机应用的新方式。

3. 人机接口效果的改进

在虚拟现实系统中，用户通过专用设备与虚拟环境进行自然交互，获得视觉、听觉、触觉、嗅觉等逼真的感知效果，使人身临其境，仿佛置身于现实世界，极大地提高了人机交互的效果，体现了人机交互的发展要求。虚拟现实技术产生的交互式虚拟世界使人机交互界面更加生动逼真，激发了人们对虚拟现实技术的兴趣。近十年来，虚拟现实技术在国内外得到了广泛的应用，在军事航天、工商医学、教育娱乐等领域也得到了越来越广泛的应用，取得了巨大的经济效益和社会效益。也正因为虚拟现实技术是一门发展前景十分广阔的新技术，所以人们对它充满了向往。

（二）虚拟现实技术的主要研究内容

虚拟现实系统根据使用情景不同可大致分成两类：封闭式虚拟现实系统和开放式虚拟现实系统。其中，封闭式的虚拟现实系统与现实世界是隔离开的，在系统中的操作并不能与现实世界发生直接的交互，也不能对现实世界产生直接的影响。要想构建一个封闭式虚拟现实系统，建模模块、模型库、交互机制是必不可少的，其中建模模块是利用计算机资源库、智能识别、人工智能等技术构建出的仿现实系统模型，通过音响系统的搭建向使用者传达虚拟世界中的听觉和视觉模拟。模式库是对现实世界中的事物进行记录并在虚拟现实世界中进行建模，使虚拟现实系统的实验者在虚拟世界中能获得一定的真实感。虽说构建一个光怪陆离的世界是虚拟现实系统所追求的，使用者也希望在这个虚拟世界中获得新奇的视听体验，但是过分脱离客观现实的虚拟现实系统搭建可能会起到反面的效果，因此对真实世界的三维模型库的搭建是十分必要的。交互机制包括传感器、信号反馈、信号控制等几个下级模块。封闭式虚拟现实系统如图 2-1 所示。

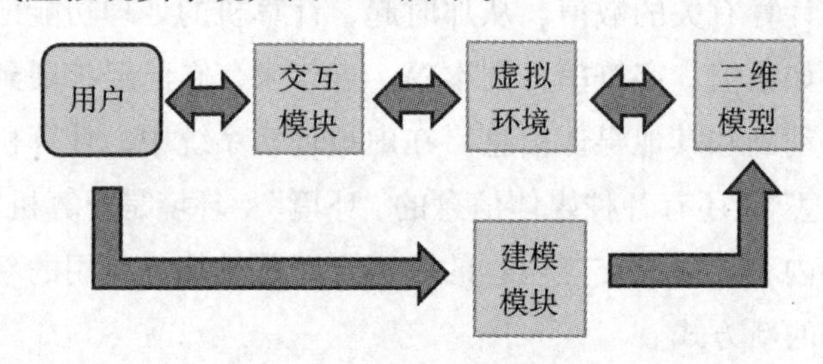

图 2-1　封闭式虚拟现实系统

开放式虚拟现实系统是指通过传感器技术与现实世界进行互动。例如，当技术水平完善之后，挖掘机司机可以在基于虚拟现实系统打造的驾驶舱中驾驶挖掘机，而千里之外的挖掘机就会根据系统及传感器反馈来的数据进行运作，实现真正意义上的远程驾驶。①

除主要的音像技术外，理想的虚拟现实系统还应具有听觉、触觉、应力感受、运动等感知仿真，甚至味觉和嗅觉的仿真也需要实现。

（三）虚拟现实技术存在的不足

作为一项在新世纪崭露头角的科学技术，虚拟现实技术虽然表面上发展潜力巨大、应用前景极其广阔，但总体上仍处于初级发展阶段，虚拟现实技术仍存在许多尚未解决的理论问题和难以逾越的技术障碍。客观地说，目前在虚拟现实领域取得的成就，绝大多数都是针对增强计算机接口能力的，虽然也有一些关于人类感官系统、肌肉系统与计算机作用反馈的技术，但还没有发展到很深层次的水平。举例来说，人有“六觉”，也就是视觉、听觉、

① 韦有双，杨湘龙，王飞．虚拟现实与系统仿真 [M]．北京：国防工业出版社，2004:41.

嗅觉、触觉、味觉、知觉，目前市面上出现的VR设备基本只能在视觉和听觉上做到仿真的效果，其他的感觉交互还有很长一段路要走。

而虚拟现实的视觉程序不仅依赖于电视和摄像机等显示设备，还依赖其他相关技术的发展。当前科技水平、应用水平都达不到虚拟现实理想中的技术水平，这其中最突出的几个领域如下。

1.硬件设备

目前在硬件设备方面主要存在两个问题，一是相关设备普遍存在的使用不便、效率低下等问题，这使虚拟现实系统的运行难以达标，设备也尚未成熟和广泛商业化。二是设备种类需要进一步扩大，还需要对现有设备进行升级改造，加快新设备的研制。

2.软件方面

目前，大多数虚拟现实软件一般都有比较专业的计算机语言，多种软件和系统之间不互通，使用起来不太方便。同时，由于硬件有限，软件开发成本也很高。基于嗅觉、味觉感知的理论与技术的高速计算，尤其是高速图形图像处理，以及人工智能、心理学、社会学等问题都亟须解决。

3.情景呈现

目前来讲，虚拟现实技术给用户呈现的虚拟现实违和感还是较高，由于硬件和软件的双重限制，人们在虚拟现实设备中很容易就能感受到各种违和的场面。比如，由于图像技术不到位，虚拟现实体验者在头戴设备的情况下快速摇头或上下点头时，会明显感觉到边界的图像刷新帧率降低，造成体验者的不适感。想要做到完全的“以假乱真”，让体验者分不清虚拟世界和现实世界，虚拟现实技术还有很长的一段路要走。

4.应用方面

现阶段虚拟现实技术在军事领域应用较广，而在建设、工业等领域的应用还远远不够，如何进一步加强民用方向的发展力度，使其在各行业都发挥更大的作用，是相关从业人员需要考虑的重要问题。

（四）未来研究的方向

虚拟现实技术研究内容很广，基于现在的研究成果及国际上近年来关于虚拟现实研究前沿的学术会议和专题讨论，虚拟现实技术在目前及未来几年的主要研究方向有以下几个。

1. 人机交互接口

虚拟现实技术的出现，是人机接口的重大革命，在未来的研究中，相关从业者将进一步开展独立于应用系统的交互技术和方法的研究，建立起软件技术的交换系统以支持代码共享和共通，从而降低整个产业的研发成本。

2. 感知研究领域

从虚拟现实技术的感知能力来看，目前视觉方面的技术发展较为成熟，但影像的图像质量还需要进一步加强：在听觉方面，还需要加强听觉模型，提高虚拟立体声的效果，并积极开展非听觉研究；而在触觉方面，相关研究人员要致力于开发各种用于人类触觉系统的基础研究和虚拟现实触觉设备的机械装置。

3. 高效的虚拟现实软件和算法

加快对满足虚拟现实技术建模要求的新一代工具软件及算法、虚拟现实语言模型、复杂场景的快速绘制及分布式虚拟现实技术的研制。

4. 价格亲民的虚拟现实硬件系统

目前来看，基于虚拟现实技术的硬件价格还是较为昂贵，这是影响虚拟现实技术得到广泛应用的一大障碍。如何兼顾虚拟现实技术的硬件质量以及价格，是虚拟现实技术的产品得到广泛应用的关键。

（五）大数据与虚拟现实技术的产业融合应用

1. XR 技术

XR 技术是现实世界与虚拟世界相融合技术的统称，其涵盖内容包括 VR、AR（增强现实）、MR（混合现实）、CR（影像现实）、ER（扩展现实）等，其中 VR、AR 和 MR 在现阶段应用较为广泛。①

VR 是利用计算机模拟产生一个三维空间的虚拟世界，提供一种多源信

① 史晓楠，熊春山，倪慧，等 .5G XR 及多媒体增强技术分析 [J]. 电信科学，2022, 38(3): 57-64.

息融合的、交互式的三维动态视景和实体行为的仿真系统，并使用户沉浸其中；AR是通过电脑技术，将虚拟的信息应用到真实世界，真实的环境和虚拟的物体实时地叠加到同一个画面或空间，两者同时存在；MR是合并现实和虚拟世界而产生新的可视化环境，在新的可视化环境里，物理和数字对象共存并实时互动。

VR用户所看到的场景和人物全是虚拟的，是将用户的意识带入一个完全虚拟的世界。由于VR是纯虚拟场景，因此VR装备（位置跟踪器、数据手套、运动捕捉系统、数据头盔等）更多的是用于用户与虚拟场景的互动交互。AR用户所看到的场景和人物是部分真实存在、部分虚拟，是将虚拟的信息带入到现实世界中，用户可以区分虚拟物体和真实物体。由于AR是现实场景和虚拟场景的结合，因此需要摄像头，在摄像头拍摄的画面基础上融入虚拟画面进行展示和互动，实现了虚拟嵌入现实的视觉效果。MR是合并现实和虚拟世界而产生的新的可视化环境，虚拟对象和真实物体很难被区分。在新的可视化环境里物理和数字对象共存，实现了实时互动和虚拟融入现实的视觉效果。

XR技术受到了学术界、产业界的广泛关注，相关产品也构建形成了主机型、移动型和一体机型等不同的形态模式。在教育方面，XR技术应用于文字知识可视化、危险实验虚拟化、操作规程模拟化、图书资料直观化等；在军事方面，XR技术应用于单兵种训练（伞兵跳伞、军械操控战术演练等）、多方协同训练等；在自动驾驶方面，XR技术应用于辅助设计和自动驾驶决策测试分析等；在工业工程领域，XR技术应用于日常运维巡检和安全演练、异地协同互动与指导、工业虚拟设计优化等；在医学领域，XR技术应用于临床手术与辅助诊断、心理干预治疗、应急救援训练等；在文化娱乐方面，XR技术应用于网络游戏、虚拟社交、视频直播、历史文化艺术体验馆等。

伴随着5G和高速信息网络的社会化应用，用户体验将由初级沉浸、部分沉浸向深度沉浸、完全沉浸逐步过渡。

2. 大数据与虚拟现实技术的融合

大数据技术作为智慧社会的基础，在全方位的智能感知、智能移动终端操控、数据传输媒介、云计算和人工智能等各个环节汇聚形成了丰富的数据资源池。XR 技术实现了虚拟世界和现实世界的无缝交互，在交互过程中产生了大量的交互过程数据，而这些数据形成了新的数据资源池。

（1）研发测试。在虚拟现实产品软硬件设计测试阶段，相关测试体验数据将成为产品优化的可靠依据，硬件数据和软件数据之间的关联性将成为产品体验平滑度的关键指标。在用户测试阶段，不同用户体验的反馈将直接影响到产品优化完善的方向，而体验大数据将有效避免个体差异所带来的无效问题与错误问题。

（2）销售服务。在虚拟现实产品销售服务环节，用户的基本信息可以作为后期市场拓展的基础数据，通过大数据挖掘算法可以有效定位高价值未来目标客户特征，实现有效营销、智能客服和适时关怀等客户营销和客户关怀。

（3）升级迭代。在虚拟现实产品迭代设计环节，结合日常客户使用产品中的操作疑问、故障投诉可以把握产品整体的迭代方向，同时可以将用户在使用产品过程中的选择延时、视角停驻、慢放快播运行时长、关机节点等操作数据与数字内容进行关联分析，实现对数字内容的体验反馈式设计，进而提升产品及内容的高质量沉浸式体验。

（4）差异竞争。在虚拟现实产品差异化方面，通过积累上述各环节的用户数据可以实现个体用户的全视角认知，实现群体性服务向个性化服务的转变。例如，定制标识、外观颜色、材料质地、信息推送、内容适用等。

（5）产业协同。虚拟现实产业中贸易需求数据流、生产调试装配流、供货运输供货流以及客服支撑服务流等各环节将产生相应的大数据资源，基于大数据资源挖掘分析可以实现产业间的动态调度、合理配比预测预警等资源协同模式，激发产业资源流动，推动产业资源高效配比，降低生产、仓储运输服务全环节的资源浪费。

大数据技术的应用贯穿研发测试、销售服务、升级迭代、差异竞争、产业协同等全流程，同时也可为企业、行业、产业自身的内部管理、外部协同、战略发展提供科学可靠的客观数据支撑和辅助决策。

三、大数据建模

（一）大数据建模的意义

随着互联网技术及其产业的快速发展，大数据建模与分析挖掘技术已逐步应用于各类新兴互联网企业（如电商网站、搜索指南、社交网站、互联网广告服务提供商等）、银行金融证券企业、电信运营等行业。数据分析建模需要首先明确业务需求，然后在描述性分析、预测性分析以及生存分析中做出选择。[①]如果数据分析的目的是勾勒客户行为模式，则应该采用描述性分析，描述性分析首先考虑关联规则、序列规则、聚类等模型。

预测性分析是量化未来事件发生的概率，其大致能分为两种预测分析模型：分类预测和回归预测。在分类预测模型中，目标变量通常是二元分类变量，如欺诈与否、损失与否、信用质量等；而在回归预测模型中，目标变量通常是连续的变量，如股价预测、违约损失率预测等。

生存分析侧重分析事件的结果以及该结果所经历的时间，它起源于医学领域，研究患者治疗后的生存时间。生存分析还可用于预测客户流失时间、客户下次购买时间、客户预付款时间、客户下次访问网站的时间等。

通过大数据建模，可以有针对性地对一些行业提供数学层面上的指导或建议，一些事态的发生、过程、结果被记录后再被建模，只要这些数据足够客观且利用得当，就能够从中获得有益的信息。

（二）大数据建模流程

1. 选择模型

这是建模的第一步，应该根据业务问题决定选择哪些可用模型。例如，想预测某一类产品的销售量，就可以选择数值预测模型（如回归模型、时间序列预测等）。

① 牛琨．纵观大数据：建模、分析及应用 [M]．北京：北京邮电大学出版社，2017：62.

2. 训练模型

训练模型是指根据实际业务数据确定最合适的模型参数。[①] 当模型经过良好训练时，就意味着找到了最合适的参数。一旦找到最合适的参数，该模型就认为是可用的。为了找到最合适的模型参数，需要用到算法，一个好的算法不仅要运行速度快，而且要具有较低的复杂度，以实现快速收敛和寻找全局最优参数。

3. 评估模型

评估模型指的是评估模型的质量，判断构建出的模型是否行之有效。模型是否有用需要在特定的业务场景中进行评估，也就是说，可以根据特定的数据集来判断模型的质量是否达到令人满意的结果，这需要一些评估指标。[②] 例如，在数值预测模型中，评估模型质量的常用指标有：平均错误率、判定系数 R^2 等。评估分类预测模型质量的常用指标有：准确度、召回率、精密度、ROC 曲线和 AUC 值等。对于分类预测模型来说，准确度和召回率越高越好，这些值越接近 100%，表明模型质量越好。

在实际业务场景中，评估指标是基于测试集的，而不是训练集。因此，在建模时，原始数据集通常分为两部分，其中一部分用于训练模型，称为训练集；另一部分用于评估模型，称为测试集或验证集。

4. 应用模型

应用模型指的是将模型应用于实际业务领域。建立模型的目的是解决工作中的业务问题，如预测客户行为、划分客户群等。[③] 如果通过评估，看到模型的质量在可接受范围内，就可以应用该模型。常用的方法是开发可用的模型并将其部署到数据分析系统中，然后形成数据分析模板和可视化分析结果，从而实现数据分析报告的自动化。在应用模型的过程中，我们还需要收集业务预测结果和实际业务结果，以测试模型在实际业务场景中的效果，并将其用于后续模型的优化。

---

① 王宇平，过晓芳 . 大数据优化建模与算法 [M]. 西安：西安电子科学技术大学出版社，2021:24.

② 同① 26.

③ 同① 30.

5. 优化模型

优化模型常发生在以下两种情况下：第一种情况是在评估模型中，发现模型拟合不足或拟合过度，需要对模型进行优化；第二种情况是在实际应用场景中，定期对模型进行优化，或者在实际业务场景中发现模型效果不好时启动优化步骤。一般来说，模型优化有以下几种方法：①重新选择一个新模型；②为模型添加新的考虑因素；③尝试将模型中的值调整为最佳值；④尝试预处理原始数据，如导出新变量。

根据模型的不同，模型优化选择的具体方法也不同。实际上，模型优化不仅是对模型的优化，也是对原始数据处理的优化。因此，当发现所有模型的效果都不是很好时，可能是数据集没有得到有效的预处理，没有找到合适的关键因素。

第三节　大数据算法与模型

一、大数据算法

（一）C4.5 决策树算法

C4.5 决策树算法指的是在每一次计算中，都选择一个好的特征点以及分裂点作为当前节点的分类依据。C4.5 决策树算法是 ID3 的升级算法，决策树算法是目前为止所有算法中研究最为成熟的一种数据学习模式，其可以从一系列无规则的数据中梳理出决策树的表现形式等情况，从而对事项进行分类和预测。[①] 决策树算法在决策树的内部节点中进行属性值的比较，并根据不同属性值判断从该节点向下的分支，最终在决策树的叶节点处得到结论。从根节点到某个叶节点就对应着一条合理规则，整棵树就对应着一组表达式规则。决策树算法的最大优点是它在学习过程中不需要使用者了解很多背景

① 高静．决策分析与决策树算法优化 [M]. 北京：首都经济贸易大学出版社，2017：18.

知识，只要训练事例能够用属性即结论的方式表达出来，就能使用该算法进行学习。C4.5 决策树算法的前身为 ID3 算法，C4.5 决策树算法在预测变量的缺失值处理、剪枝技术、派生规则等方面相对于 ID3 有了很大的改进，既适合解决分类问题，又适合解决回归问题。

C4.5 决策树算法优点在于其整合出的分类规则直观简洁，理解难度小且出错率低，并且 C4.5 决策树算法在处理非离散化的数据以及不完整的数据时具有一定的优势。同时，C4.5 决策树算法也存在一定的不足之处。例如，在构造树的步骤中，需要重复并且高频率地对数据集进行扫描和排序，导致 C4.5 决策树算法实际的处理效率较低。同时 C4.5 决策树算法无法处理过大的数据集，当数据库或者数据集超过了程序内存，C4.5 决策树算法便会无法正常工作，并且其对样本的训练数量和质量的要求较为严格，对存在空值的数据集适应性较差。

（二）*k* 均值聚类算法

k 均值聚类（*k*–means clustering）算法会根据 *n* 个对象的属性将其划分为 *k* 个分段（$k<n$）。这与处理混合正态分布的最大期望算法十分相似，因为它们都试图在数据中找到自然聚类的中心。它假设对象属性来自空间向量，目标是最小化每组中的均方误差之和。*k* 均值聚类算法从一个目标集中创建多个组，每个小组的成员都相对相似。在探索数据集时，它是一种流行的聚类分析技术。[①] 聚类分析属于设计和构造群的算法。在聚类分析的世界里，类和组的含义是一样的。例如，假设定义了一个患者数据集，其中包含每个患者的各种信息，如年龄、血压、血型、最大氧含量和胆固醇含量，这些信息可以理解为描述患者特征的向量。

一般来说，向量表示一列我们知道的关于患者的数据，这列数据也可以理解为多维空间的坐标。例如，脉搏是一维坐标，血型是其他维度的坐标等。*k* 均值聚类算法的方法如下：①在多维空间中选择一些点来代表每个 *k* 类，称为中心点。②每个患者都会在这个中心点找到最近的一个。我们希望患者最近的点不是同一个中心点，所以他们围绕最近的中心点。③形成三个等

① 刘馨月 . k- 均值聚类 [M]. 北京：科学出版社，2020：20.

级，每个病人都是一个等级的成员。④ k 均值聚类算法根据 k- 簇的类成员找到每个 k- 簇的中心。⑤该中心成为该类的新中心点。⑥因为中心点位于不同的位置，患者可能靠近其他中心。换句话说，他们可能会修改自己的类成员身份。

k 均值聚类算法的特点是：应用简单，没有先验知识，可以处理分类数据、数字数据和字符数据。但由于簇的数量需要提前确定，因此很难选择合适的距离函数和属性权值。k 均值聚类算法流程如图 2-2 所示。

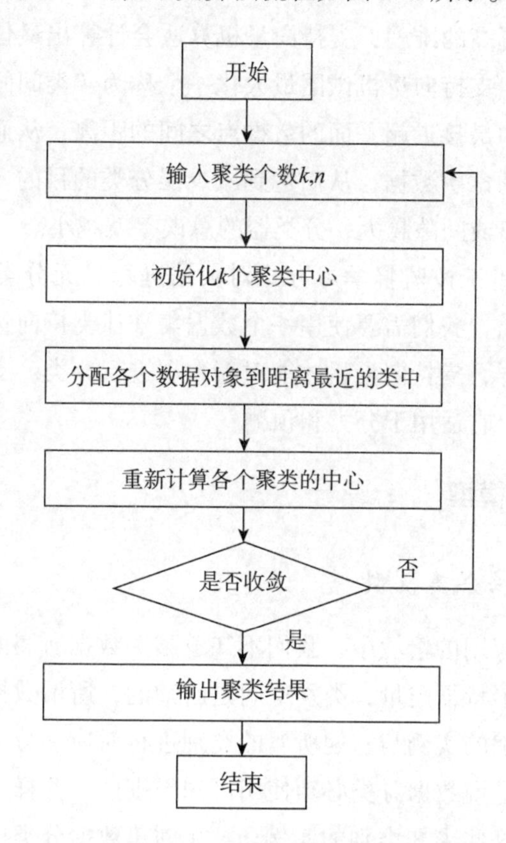

图 2-2　k 均值聚类算法流程

（三）支持向量机

支持向量机（support vector machine，SVM），又译为支持向量网络，是一种关于分类和回归分析数据的学习算法，也是一类监督式计算机自动学习模型。当系统收到给定的一组训练实例时，这些实例会被系统自动标记并且分类，支持向量机训练算法会构建一个新的实例并将其分配给这两个类别之一的模型，使其起到非概率二元线性分类器的作用。支持向量机模型的机理可以解释为将一个或几个实例用空间中的点去表示，从而使得映射就单独类别的实例被精准地区别开来，最终将构建出的新的实例映射到同一空间，并基于点的间隔来判断实例所属类别。①

支持向量机可以理解为使用一种方法将数据提升到更高的维度进行处理。一旦提升到更高的维度，支持向量机算法会计算出最佳超平面，将数据分为两类。同时，支持向量机试图最大化一个称为"类间间隔"的距离，即超平面与各自类中最接近超平面的数据点之间的距离，从而使分类后的超平面远离需要分类的索引数据，从而达到减少误分类的目的。换句话说，平行超平面之间的距离或间隙越大，分类器的总误差就越小。

支持向量机属于按监督学习方式对数据进行二元分类的广义线性分类器。因为在一开始，我们需要使用一个数据集来让支持向量机学习这些数据的类型。只有这样，支持向量机才能对新数据进行分类。支持向量机具有很强的数据适应性，它适用于分类和预测。

二、大数据模型

（一）大数据分类模型

在某些实际应用的情境中，我们不知道某些数据所属的离散类别，并且每个实例都是一个特征向量，类别空间是已知的，所谓数据分类是将这些未确定以及注释类别的实例与它们所属的类别进行对应。分类模型是一种监督学习模型，也就是说数据分类必须使用已知类别的一些样本集作为参考然后学习，从而识别这些未知类别的实例。②在创建数据分类模型时，数据的训练和测试集是需要被使用的，其中训练集用于调整模型的参数，而测试集用于检查训练模型的效果，即评估模型的质量。实际应用中常用的评估指标有

① 王快妮．支持向量机鲁棒性模型与算法研究 [M]. 北京：北京邮电大学出版社，2019：31.

② 刘宝锺．大数据分类模型和算法研究 [M]. 昆明：云南大学出版社，2019：21.

准确度和召回率。分类任务、数据、场景的不同，也对应着不同的分类算法，常用的分类算法包括：决策树、贝叶斯、*k*近邻查询、支持向量机、基于关联规则的学习、集成学习和人工神经网络。

不同的数据分类算法适用于不同的应用领域。在选择分类算法时，需要综合考虑这些算法的优劣势。例如，如果某个系统较为注重分类精度，可以使用上面的分类算法，然后使用交叉验证来选择最佳的分类算法。首先应该考虑的是模型的训练集有多大，如果训练集较小，则高偏差或高方差的分类器（如贝叶斯分类器、支持向量机、集成学习）比低偏差或低方差的分类器具有优势。然而，随着训练集的增加，低偏差或高方差的分类器将更具有优势（它们具有较低的渐近误差），可以根据不同分类器的特点进行选择。朴素贝叶斯算法简单易懂，但必须假设属性之间存在条件独立性。决策树算法具有很强的可解释性，能够处理属性之间的交集关系，但该算法的模型不是参数化的，不支持在线学习；新样本到达后，必须重建决策树算法，并使其易于重写。*k*近邻查询算法简单易懂，但复杂度高，不适合实时性要求高的场景。支持向量机具有良好的理论支持和较高的分类精度，在线性不可分的情况下，该函数可以映射到线性可分的高维空间，但它只适用于训练集小、内存消耗大的情况。基于规则的分类器易于解释，规则易于设置，但效果可能很小。集成学习很容易获得良好的分类效果，可避免过度调整，但必须训练多个不同的分类器。人工神经网络的效果良好，可以对非线性分类器进行任意精度的调整，但模型的解释性不强，训练复杂，学习速度慢。

（二）大数据回归模型

1. 行为事件分析模型

行为事件分析模型，顾名思义主要通过对行为、事件的分析获得有效的数据，目前主要用来研究某行为事件的发生对企业造成的影响以及影响程度。[①] 企业可以借此来追踪或记录用户的行为或业务过程，如用户注册、浏览产品详情页、购买、提现等，通过研究与事件发生关联的所有因素来挖掘用户行为事件背后的原因、交互影响等。

① 黄丹阳．大规模网络数据分析与空间自回归模型 [M]. 北京：科学出版社，2022：24.

行为事件分析模型具有强大的筛选、分组和聚合能力，逻辑清晰且使用简单，已得到广泛应用。行为事件分析模型一般经过事件定义与选择、下钻分析、解释与结论等环节。例如，电商公司通过前期的用户行为数据的采集，在促销活动中就可以进行区域性、定制性的用户广告投放。通过精准的用户行为数据分析，可获得高精准的用户转化率。行为事件分析模型如图 2–3 所示。

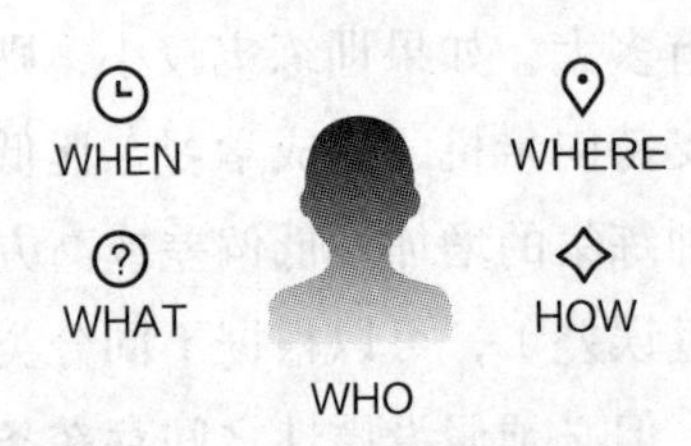

图 2–3　行为事件分析模型

2. 漏斗分析模型

漏斗分析模型是一套重要的流程分析模型，它能够科学地反映用户行为状态以及从起点到终点各阶段用户转化率的情况。[①] 其实该模型在企业经营中经常使用到，最简单的应用是销售部门的销售项目漏斗，销售管理者通过项目漏斗来分析接下来重点项目跟进和赢单概率，销售漏斗也是一种数据分析模型。

漏斗分析模型在电商平台也得到了广泛应用，主要应用在流量监控、产品目标转化等日常数据管理工作中。例如，在一款产品服务平台中，直播用户从激活 app 开始到花费，一般的用户购物路径为激活 app、注册账号、进入直播间、互动行为、礼物花费五大阶段，漏斗能够展现出各个阶段的转化率，通过漏斗各环节相关数据的比较，能够直观地发现问题所在，从而找到优化方向。对于业务流程相对规范、周期较长、环节较多的流程分析，漏斗分析模型能够直观地发现和说明问题所在。

3. 留存分析模型

留存分析模型是一种用来分析用户参与情况或活跃程度的分析模型，主

① 管涛 . 数据分析基础及模型 [M]. 合肥：合肥工业大学出版社，2015：36.

要考察进行初始行为的用户中，有多少人会进行后续行为。[1]举例来说，举办一场活动，邀请了 1 000 人参会，在参会过程中陆续有人对这个活动不感兴趣了，就中途退出了活动现场，还有部分用户坚持下来了，那么坚持下来的用户一定是目标客户吗？那也未必。我们就需要一个工具来识别留存下来的用户哪些才是真正的用户，留存分析模型就是用来衡量产品对用户价值高低的重要方法。

4. 分布分析模型

分布分析模型是用户在特定指标下的频次、总额等的归类展现。[2]它可以展现出单用户对产品的依赖程度，分析客户在不同地区、不同时段所购买的不同类型的产品数量、购买频次等，帮助运营人员了解当前的客户状态，以及客户的运转情况，如订单金额（100 以下区间、100 ～ 200 元区间、200 元以上区间等）、购买次数（5 次以下、5 ～ 10 次、10 以上）等用户的分布情况。

分布分析模型的功能与价值为科学的分布分析模型支持按时间、次数、事件指标进行用户条件筛选及数据统计，可以为不同角色的人员统计用户在 1 周或 1 月中，有多少个自然时间段（1h 或 1d）进行了某项操作以及进行某项操作的次数。

5. 属性分析模型

属性分析模型，顾名思义，是指根据用户自身属性对用户进行分类与统计分析，比如查看用户数量在注册时间上的变化趋势、查看用户按省份的分布情况。[3]用户属性会涉及用户信息，如姓名、年龄、家庭、婚姻状况、性别、最高教育程度等自然信息；也有产品相关属性，如用户常驻省市、用户等级、用户首次访问渠道来源等。某产品属性分析模型如图 2-4 所示。

① 管涛 . 数据分析基础及模型 [M]. 合肥：合肥工业大学出版社 , 2015 : 42.

② 同① 45.

③ 同① 52.

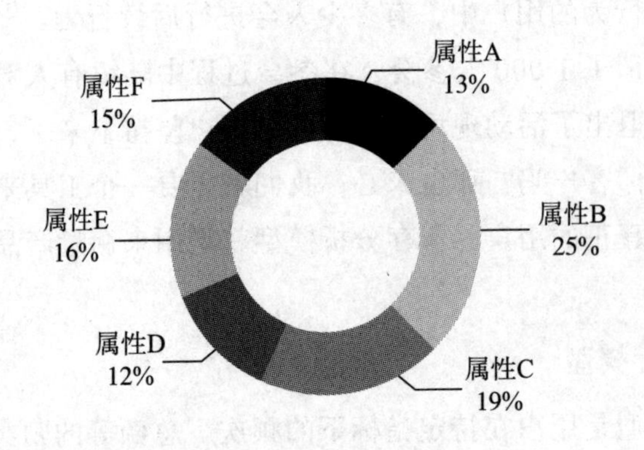

图 2-4　某产品属性分析模型

第四节　数据处理工具及数据安全

一、常用的大数据处理工具

大数据处理工具主要用来解决巨量数据的储存和计算问题，如今大数据技术广泛地应用于各个领域之中。大数据技术生态如图 2-5 所示。

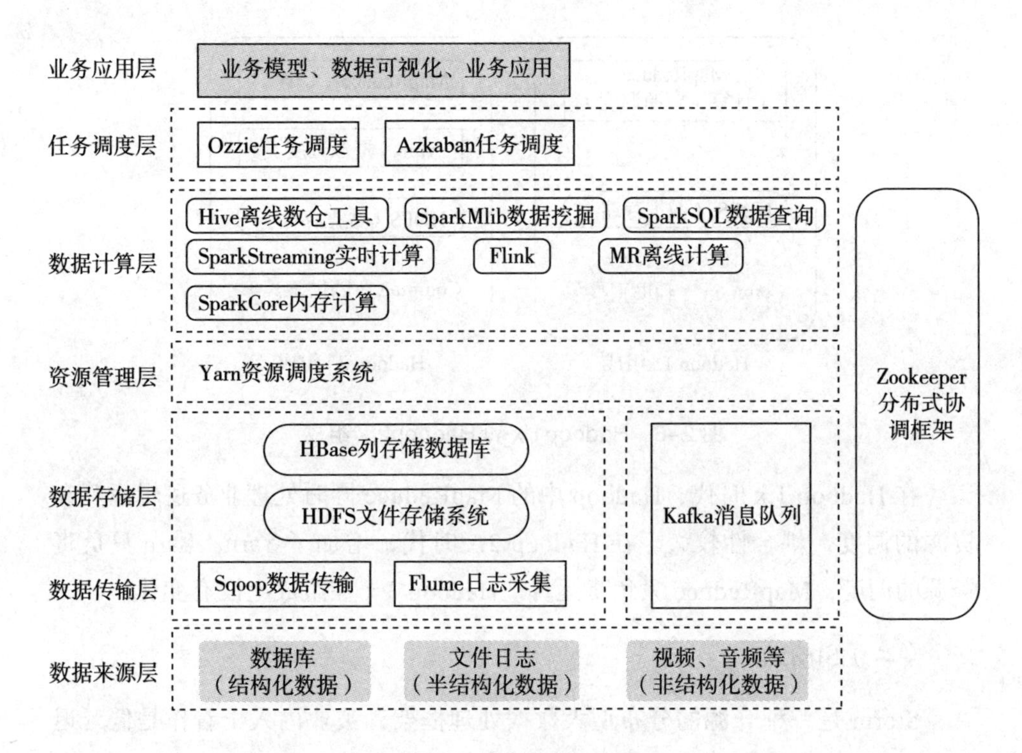

图 2-5 大数据技术生态

（一）Hadoop

Hadoop 是一种分布式系统基础架构，主要用来解决巨量数据处理以及分析计算的问题。[①] 一般来说，广义的 Hadoop 指的是 Hadoop 生态圈。Hadoop 底层维护多个数据副本，所以即使 Hadoop 某个计算元素或存储出现故障，也不会导致数据的丢失，这使得 Hadoop 具有很高的可靠性。其次，Hadoop 在数据集群直接执行分配数据的任务，可对巨量的节点进行拓展，具有高拓展性。再次，在 MapReduce 的思想下，Hadoop 是并行工作的，其任务处理速度得到了提高，使得 Hadoop 具有高效性。最后，Hadoop 还能够将失败的任务自动进行重新分配，具有高容错性。Hadoop 1.x 和 Hadoop 2.x 组成，如图 2-6 所示。

① 魏迎 . Hadoop 技术与应用 [M]. 西安：西安电子科学技术大学出版社 , 2021 : 35.

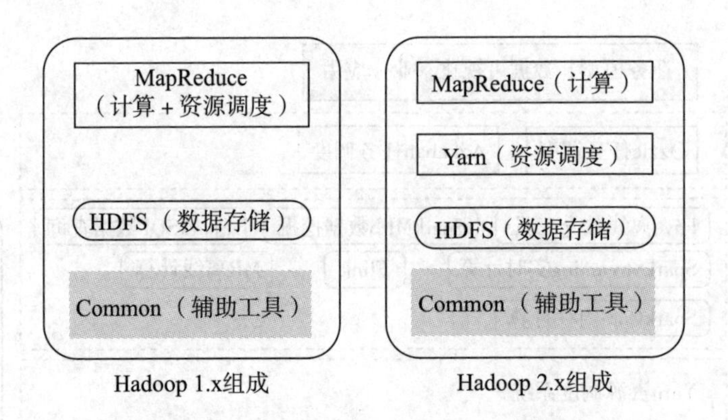

图 2-6　Hadoop1.x 和 Hadoop2.x 组成

在 Hadoop 1.x 时代，Hadoop 中的 MapReduce 同时处理业务逻辑运算和资源的调度，耦合性较大。在 Hadoop 2.x 时代，增加了 Yarn。Yarn 只负责资源的调度，MapReduce 只负责运算。Hadoop 3.x 在组成上没有变化。

（二）Storm

Storm 是一种开源的分布型大数据处理框架，被业内人士看作是低延迟版本的 Hadoop。由于 Hadoop 和 MapReduce 在处理数据时有较高的延迟，越来越多的用户开始倒向 Storm，Storm 在预警系统和金融系统等对即时性能要求较高的系统中已经得到广泛的应用。

Storm 具有很多特性，首先，Storm 回复消息的速度较快，可以对某一个数据量进行持续的计算，还可以对消耗资源较大的命令进行分布式方法的调用，这使得 Storm 的适用场景十分广泛。其次，Storm 可以应用 Zookeeper 来进行集群式的内容协调，这使得 Storm 具有很高的伸缩性。[①] 并且，Storm 能保证每一条不同的消息都得到即时的处理，具有很高的可靠性。除此之外，Storm 的集群还具有易于管理、容错性高等特点。

（三）Apache Drill

Apache Drill 是一个低延迟的分布式海量数据（涵盖结构化、半结构化

① 肖恩 T. 艾伦，马修·扬科夫斯基，彼得·巴蒂罗纳 . Storm 应用实践 [M]. 罗聪翼，龚成志，译 . 北京：机械工业出版社，2018：26.

以及嵌套数据）交互式查询引擎，使用ANSI SQL兼容语法，支持本地文件、HDFS、HBase、MongoDB等后端存储，支持Parquet、JSON、CSV、TSV、PSV等数据格式。本质上Apache Drill是一个分布式的大规模并行处理查询层，其目的在于支持更广泛的数据源、数据格式以及查询语言。

Apache Drill的核心是DrillBit，其是一个负责收取客户端询问的应用，DrillBit处理完查询之后会将结果反馈给客户端。

Apache Drill支持使用自定义的嵌套数据集，其数据调用较为灵活，并且Apache Drill的SQL查询指令延迟较低且支持多数据源调用，具有较高的性能；但是Apache Drill的技术线过长，应用到实际的生产线上具有一定的困难，并且Apache Drill在国内的使用频次不高，缺少成功的典型案例，可供参考的成功和失败经验都不多，一旦架构出现问题，维护的难度可能较高。

二、数据安全

当今互联网用户主要面临的问题是数据安全问题。目前，安装和使用app的人数越来越多，也因此带来了诸多安全问题，尤其是采集个人信息不合规的情况在增加。用户在安装、使用app时都会发现app请求授权取得对设备的相应权限，并请求获取相关个人资料等信息。app取得权限后获得的信息许多都是用户的个人信息和隐私。app用户和app运营者都面临着如何处理app违规采集、合规使用个人信息数据的问题。

我国已经确立了数据分类分级管理、数据安全审查、数据安全风险评估、监测预警和应急处置等基本制度。但现阶段企业各职能部门之间联系薄弱，数据孤岛效应明显。不管企业使用哪一种组织架构，都存在数据冗杂、前台与后台之间接洽困难、业务与数据孤立等问题，现阶段企业内、企业间数据割裂等问题仍然是阻碍数据协作应用的重要障碍。

我国的大数据技术虽然已经取得了一定进步，但是面对层出不穷的新式大数据攻击，防护措施仍然显得不够充分，究其原因是传统的安全防护观念以及技术无法满足大数据安全防护的需求，其中密文计算技术、数据泄露追踪技术的发展仍无法满足实际的应用需求，难以解决数据处理过程中的机密性保障问题和数据流动路径上的追踪溯源问题。并且，随着居民的出行、就医、支付等活动都与手机软件进行了深度绑定，个人用户的信息不可避免地被这些软件“记录在册”，这使得每一位智能手机用户的安全隐私都面临着很大的风险。目前，常见 app 与可能泄露的信息如表 2–1 所示。

表 2–1　常见 app 与可能泄露的信息

类　型	基本功能	可能泄露的信息
地图导航类	定位和导航	位置信息、出发地、到达地
网络约车类	网络预约出租汽车服务、巡游出租汽车电召服务	注册用户的移动电话号码，乘车人出发地、到达地、位置信息、行踪轨迹，支付时间、支付金额、支付渠道等支付信息
即时通信类	提供文字、图片、语音、视频等网络即时通信服务	注册用户的移动电话号码、账号信息、即时通信联系人账号列表
网络社区类	话题讨论、信息分享和关注互动	注册用户的移动电话号码
网络支付类	网络支付、提现、转账等功能	注册用户的移动电话号码，注册用户的姓名、证件类型和号码、证件有效期限、银行卡号码
网上购物类	购买商品	注册用户的移动电话号码，收货人姓名（名称）、地址、联系电话，支付时间、支付金额、支付渠道等支付信息
餐饮外卖类	餐饮购买及外送	注册用户的移动电话号码，收货人姓名（名称）、地址、联系电话，支付时间、支付金额、支付渠道等支付信息
快递类	信件、包裹、印刷品等物品寄递服务	寄件人姓名、证件类型和号码等身份信息，寄件人地址、联系电话，收件人姓名（名称）、地址、联系电话，寄递物品的名称、性质、数量

续　表

类　型	基本功能	可能泄露的信息
交通票务类	交通相关的票务服务及行程管理（如票务购买、改签、退票、行程管理等）	注册用户的移动电话号码，旅客姓名、证件类型和号码、旅客类型，旅客出发地、目的地、出发时间，车牌号及车牌颜色，支付时间、支付金额、支付渠道等支付信息
婚恋相亲类	婚恋相亲	注册用户的移动电话号码；婚恋相亲人的性别、年龄、婚姻状况

第三章　大数据挖掘及平台

大数据挖掘是从大型数据集中，挖掘出隐含在其中的、人们事先不知的、对决策有用的知识与信息的过程。① 它与统计学和人工智能等学科有很明显的交叉关系。目前，经相关互联网公司的大力发展，很多优质的大数据挖掘平台被构建了出来，为大数据技术的进一步发展贡献了很大的力量。

第一节　常用的数据挖掘方法

一、贝叶斯分类算法

朴素贝叶斯分类算法是统计学的一种分类方法，它是一类利用概率统计知识进行分类的算法。在许多场合，朴素贝叶斯（naive Bayes，NB）是基于概率论的分类算法。朴素贝叶斯分类算法可以与决策树和神经网络分类算法相媲美，该算法能运用到大型数据库中，而且方法简单、分类准确率高、速度快。

首先，要明白朴素贝叶斯统计方式与统计学中的频率概念是不同的，从频率的角度出发，统计学即假定数据遵循某种分布，我们的目标是确定该分布的几个参数，在某个固定的环境下做出模型。而朴素贝叶斯则是根据实际的推理方式来建模。我们再用拿到的数据，来更新模型对某事件即将发生的可能性的预测结果。在朴素贝叶斯统计学中，我们使用数据来描述模型，而不是使用模型来描述数据。

---

① 陈明．大数据技术概论 [M]. 北京：中国铁道出版社，2019：211

· 分生组织

由能够持续分裂的细胞组成的一种植物组织，它能使植物不断生长。人们发现在植物的根尖和芽尖有一些具有分生能力的细胞群，而这些地方也被认为是植物的生长点。

· 克隆

与其母体基因完全一样的生物体。

· 受精卵

生物体的最初阶段，由精子和卵子结合而成。

· 孢子植物

通过孢子进行繁衍的植物。孢子植物不形成显著花，如苔藓、蕨类植物等。

· 授粉

植物生长过程中的一个环节，主要是为了植物继续繁殖。种子是授粉的最终产物。开花植物也被视为种子植物。而种子植物又分为被子植物和裸子植物。

· 种子植物

具有根、茎、叶，能够开花、产生种子的植物。根据种子是否全部被果皮包被，又可以分为被子植物和裸子植物。

· 裸子植物

种子裸露在外，没有被果皮包裹的植物。与裸子植物相对的是被子植物。

· 被子植物

种子植物下的一个分支。在被子植物中，种子由肥厚的子叶包裹着，也就是说，种子外面有果肉包裹。

· 双子叶植物

种子有两片子叶，叶脉呈网状。在植物界，双子叶植物是一个庞大的家族。

· 单子叶植物

种子萌发时只有一片子叶的植物，这类植物的叶脉是平行的。

· 雌雄异株

雌花和雄花不长在同一植株上的植物。雌雄异株的植物要么只开雌花，要么只开雄花。

· 雌雄同株

植物的雌花和雄花生长在同一植株上。

· 花粉

花的雄蕊上含有雄性生殖细胞的微粒，通过水、风或动物（如蜜蜂）被带到其他植株上，完成受精。

· 植物标本

将植物展开、压平、干燥，并标注上名称、采集地等。

由于朴素贝叶斯定理假设一个属性值对给定类的影响独立于其他属性的值，而此假设在实际情况中经常是不成立的，因此其分类准确率可能会下降。为此，就衍生出许多降低独立性假设的朴素贝叶斯分类算法，如 TAN（tree augmented Bayes network）算法。

在朴素贝叶斯算法中，设每个数据样本用一个 n 维特征向量来描述 n 个属性的值，即：$\boldsymbol{X}=\{x_1, x_2, \cdots, x_n\}$ 假定有 m 个类，分别用 C_1，C_2，…，C_m 表示。给定一个未知的数据样本 $\boldsymbol{X}$（即没有类标号），若朴素贝叶斯分类法将未知的样本 $\boldsymbol{X}$ 分配给类 C_i，则一定是 $P(C_i|\boldsymbol{X}) > P(C_j|\boldsymbol{X})$ $1 \leqslant j \leqslant m$，$j \neq i$。

根据贝叶斯定理，由于 $P(\boldsymbol{X})$ 对于所有类为常数，最大化后验概率 $P(C_i|\boldsymbol{X})$ 可转化为最大化先验概率 $P(\boldsymbol{X}|C_i)P(C_i)$。如果训练数据集有许多属性和元组，计算 $P(\boldsymbol{X}|C_i)$ 的开销可能非常大，为此，通常假设各属性的取值互相独立，这样先验概率 $P(x_1|C_i)$，$P(x_2|C_i)$，…，$P(x_n|C_i)$ 可以从训练数据集求得。

根据此方法，对一个未知类别的样本 $\boldsymbol{X}$，可以先分别计算出 $\boldsymbol{X}$ 属于每一个类别 C_i 的概率 $P(\boldsymbol{X}|C_i)P(C_i)$，然后选择其中概率最大的类别作为其类别。

朴素贝叶斯算法成立的前提是各属性之间互相独立。当数据集满足这种独立性假设时，分类的准确度较高，否则可能较低。另外，该算法没有分类规则输出。

针对朴素贝叶斯算法进行分析，总结出以下的优缺点。

优点：

（1）朴素贝叶斯模型发源于古典数学理论，有稳定的分类效率。

（2）对小规模的数据表现很好，能够处理多分类任务，适合增量式训练，尤其是数据量超出内存时，我们可以一批批地去增量训练。

（3）对缺失数据不太敏感，算法也比较简单，常用于文本分类。

缺点：

（1）理论上，朴素贝叶斯模型与其他分类方法相比具有最小的误差率。但是实际上并非总是如此，这是因为朴素贝叶斯模型给定输出类别的情况下，假设属性之间相互独立，这个假设在实际应用中往往是不成立的，在属性个数比较多或者属性之间相关性较大时，分类效果不好。而在属性相关性较小时，朴素贝叶斯性能最为良好。对于这一点，有半朴素贝叶斯之类的算法通过考虑部分关联性适度改进。

（2）需要知道先验概率，且先验概率很多时候取决于假设，假设的模型可以有很多种，因此在某些时候会由于假设的先验模型的原因导致预测效果不佳。

（3）由于我们是通过先验和数据来决定后验的概率从而决定分类的，所以分类决策存在一定的错误率。

（4）对输入数据的表达形式很敏感。

二、主成分分析

（一）主成分分析法概述

主成分分析（principal component analysis，PCA），是一种统计方法。通过正交变换将一组可能存在相关性的变量转换为一组线性不相关的变量，转换后的这组变量叫主成分。信息的大小通常用离差平方和或方差来衡量。

（二）主成分分析方法的理论模型构建

由于各变量间可能存在相关性，因此采用主成分分析法，降低变量维度，并进行评分。

第一步，进行数据的标准化。

$$\tilde{a}_{ij}=\frac{a_{ij}-\mu_j}{s_j},i=1,2,\cdots,n;\ j=1,2,\cdots,m \tag{3-3}$$

$$\mu_j=\frac{1}{n}\sum_{i=1}^{n}\tilde{a}_{ij};\ s_j=\sqrt{\frac{1}{n-1}\sum_{i=1}^{n}\left(\tilde{a}_{ij}-\mu_{ij}\right)^2},\ j=1,2,\cdots,m \tag{3-4}$$

式中：μ_j 和 s_j 为第 j 个自变量 x_j 的样本均值和样本标准差。

第二步，计算相关系数矩阵 $\boldsymbol{R}$。相关系数矩阵 $\boldsymbol{R}=\left(r_{ij}\right)_{m\times n}$，有

$$r_{if}=\frac{\sum_{k=1}^{n}\tilde{a}_{id}\cdot\tilde{a}_{ig}}{n-1},i,j=1,2,\cdots,m \tag{3-5}$$

式中：$r_{if}=1,r_y=r_{jt},r_{yj}$ 为第 i 个指标变量与第 j 个指标变量的相关系数。相关系数处于 [−1，1] 区间，相关系数值越高代表正相关越强烈。

第三步，计算特征根与特征向量。计算相关系数矩阵 $\boldsymbol{R}$ 的特征根：$\lambda_1 \geqslant \lambda_2 \geqslant \cdots \geqslant \lambda_n \geqslant 0$，及对应的特征向量 $\boldsymbol{u}_1, \boldsymbol{u}_2, \cdots, \boldsymbol{u}_m$，其中：$\boldsymbol{u}_j = \left[\boldsymbol{u}_{1j}, \boldsymbol{u}_{2j}, \boldsymbol{u}_{3j}, \cdots, \boldsymbol{u}_{nj}\right]^{\mathrm{T}}$，由特征向量组成为新的指标变量：

$$\boldsymbol{y}_1 = \boldsymbol{u}_{11}\tilde{x}_1 + \boldsymbol{u}_{21}\tilde{x}_2 + \cdots + \boldsymbol{u}_{m1}\tilde{x}_m \tag{3-6}$$

$$\boldsymbol{y}_2 = \boldsymbol{u}_{12}\tilde{x}_1 + \boldsymbol{u}_{22}\tilde{x}_2 + \cdots + \boldsymbol{u}_{m2}\tilde{x}_m \tag{3-7}$$

$$\vdots$$

$$\boldsymbol{y}_m = \boldsymbol{u}_{1m}\tilde{x}_1 + \boldsymbol{u}_{2m}\tilde{x}_2 + \cdots + \boldsymbol{u}_{mm}\tilde{x}_m \tag{3-8}$$

式中：$\boldsymbol{y}_1$ 为第一主成分，$\boldsymbol{y}_2$ 为第二个主成分，…，$\boldsymbol{y}_m$ 为第 n 个主成分。

$$b_j = \frac{\lambda_j}{\sum_{k=1}^{m} \lambda_k} = 1, 2, \cdots, m \tag{3-9}$$

为主成分 $\boldsymbol{y}_i$ 的信息贡献率，同时有：

$$\alpha_p = \frac{\sum_{k=1}^{p} \lambda_k}{\sum_{k=1}^{m} \lambda_k} \tag{3-10}$$

三、聚类分析

（一）基于划分的聚类方法

基于划分的聚类方法如表 3-1 所示。

表 3-1　基于划分的聚类方法

k-means	是一种典型的划分聚类算法，它用一个聚类的中心来代表一个簇，即在迭代过程中选择的聚点不一定是聚类中的一个点，该算法只能处理数值型数据
k-modes	*k*-means 算法的扩展，采用简单匹配方法来度量分类型数据的相似度
k-prototypes	结合了 *k*-means 和 *k*-modes 两种算法，能够处理混合型数据
k-medoids	在迭代过程中选择簇中的某点作为聚点，PAM 是典型的 *k*-medoids 算法
CLARA	CLARA 算法在 PAM 的基础上采用了抽样技术，能够处理大规模数据

续 表

CLARANS	CLARANS 算法融合了 PAM 和 CLARA 两者的优点，是第一个用于空间数据库的聚类算法
PCM	将模糊集合理论引入聚类分析中并提出了 PCM 模糊聚类算法

（二）基于密度的聚类方法

基于密度的聚类方法如表 3-2 所示。

表 3-2　基于密度的聚类方法

算法名称	算法介绍
DBSCAN	DBSCAN 算法是一种典型的基于密度的聚类算法，该算法采用空间索引技术来搜索对象的邻域，引入了“核心对象”和“密度可达”等概念，从核心对象出发，把所有密度可达的对象组成一个簇
GDBSCAN	算法通过泛化 DBSCAN 算法中邻域的概念，来适应空间对象的特点
OPTICS	OPTICS 算法结合了聚类的自动性和交互性，先生成聚类的次序，可以对不同的聚类设置不同的参数，来得到用户满意的结果
FDC	FDC 算法通过构造 k-d tree 把整个数据空间划分成若干个矩形空间，当空间维数较少时可以大大提高 DBSCAN 的效率

（三）基于网格的聚类方法

基于网格的聚类方法如表 3-3 所示。

表 3-3　基于网格的聚类方法

算法名称	算法介绍
WaceCluster	在聚类分析中引入了小波变换的原理，主要应用于信号处理领域
CLIQUE	是一种结合了网格和密度的聚类算法
OPTIGRID	用空间数据分布的密度信息来选择最优划分
STING	利用网格单元保存数据统计信息，从而实现多分辨率的聚类

（四）基于模型的聚类方法

基于模型的聚类方法如表 3-4 所示。

表 3-4 基于模型的聚类方法

算法名称	算法介绍
SOM	该方法的基本思想：由外界输入不同的样本到人工的自组织映射网络中，一开始时，输入样本引起输出兴奋细胞的位置各不相同，但自组织后会形成一些细胞群，它们分别代表了输入样本，反映了输入样本的特征
COBWeb	COBWeb 是一个通用的概念聚类方法，它用分类树的形式表现层次聚类
AutoClass	AutoClass 以概率混合模型为基础，利用属性的概率分布来描述聚类，该方法能够处理混合型的数据，但要求各属性相互独立

四、时序模式

在餐饮行业中，因为菜品的制作和出售是同步进行的，所以一个餐馆对每天的售卖量预测需要有大致的把握。如何根据过往的顾客购买情况，做好食品原料的采购计划，是每一个餐饮行业的从业者都应该考虑的问题。

餐饮行业的销售预计可以看作根植于时间序列的短期数据预测。

常用按时间顺序排列的一组随机变量 X_1，X_2，X_3，…，X_t 来表示一个随机事件的时间序列，简记为 $\{X_t\}$；用 $\{X_t, t=1, 2, \cdots, n\}$ 表示该随机序列的 n 个有序观察值，称之为序列长度为 n 的观察值序列。

时间序列分析的目的就是给定一个已被观测了的时间序列，预测该序列的未来值。

常用的时间序列模型如表 3-5 所示。

表 3-5 常用的时间序列模型

模型名称	描述
平滑法	平滑法常用于趋势分析和预测，利用修匀技术，削弱短期随机波动对序列的影响，使序列平滑化。根据所用平滑技术的不同，具体可分为移动平均法和指数平滑法

续 表

模型名称	描述
趋势拟合法	趋势拟合法把时间作为自变量，将相应的序列观察值作为因变量，建立回归模型。根据序列的特征，具体可分为线性拟合和曲线拟合
组合模型	时间序列的变化主要受到长期趋势、季节变动、周期变动和不规则变动这四个因素的影响。根据序列的特点，可以构建加法模型和乘法模型
ARIMA 模型	许多非平稳序列差分后会显示出平稳序列的性质，称这个非平稳序列为差分平稳序列。对差分平稳序列可以使用 ARIMA 模型进行拟合
ARCH 模型	ARCH模型能准确地模拟时间序列变量波动性的变化，适用于序列具有异方差性并且异方差函数短期自相关
GARCH 模型及其衍生模型	GARCH 模型称为广义 ARCH 模型，是 ARCH 模型的扩展。相比于 ARCH 模型，GARCH 模型及其衍生模型更能反映实际序列中的长期记忆性、信息的非对称性等性质

第二节　半结构化大数据挖掘

一、Web 挖掘

（一）Web 挖掘综述

传统的 Web 搜索引擎大多数是基于关键字匹配的，返回的结果是包含查询项的文档，也有基于目录分类的搜索引擎。这些搜索引擎的结果并不令人满意。有些站点有意提高关键字出现的频率来提高自身在搜索引擎中的重要性，破坏搜索引擎结果的客观性和准确性。另外，有些重要的网页并不包含查询项，搜索引擎的分类目录也不可能把所有的分类考虑全面，并且目录大多靠人工维护，主观性强，费用高，更新速度慢。

Web 结构包括不同网页之间的超链接结构、一个网页内部的可以用 HTML、XML 表示的树形结构以及文档 URL 中的目录路径结构等。Web 页之间的超链接结构中包含许多有用的信息，当网页 A 到网页 B 存在一个超链接时，说明网页 A 的作者认为网页 B 的内容比较重要，且两个网页的内容具有相似的主题。因此，指向一个文档的超链接体现了该文档的被引用情况。如果大量的超链接都指向了同一个网页，我们就认为它是一个权威页。这就类似论文对参考文献的引用，如果某一篇文章经常被引用，就说明它比较重要，这种思想有助于对搜索引擎的返回结果进行相关度排序。从 WWW 的组织结构和链接关系中推导知识，通过对 Web 站点的结构进行分析、变形和归纳，将 Web 页面进行分类，分析一个网页链接和被链接数量以及对象来建立 Web 自身的链接结构模式，可以确定不同页面间的相似度和关联度信息，同时定位相关主题的权威站点，可以极大地提高检索结果的质量。

（二）WEB 结构挖掘常见算法——PageRank 算法

传统情报检索理论中的引文分析方法是确定学术文献权威性的重要方法之一，即根据引文的数量来确定文献的权威性。PageRank 算法的发明者对网络超链接结构和文献引文机制的相似性进行了研究，把引文分析思想借鉴到网络文档重要性的计算中来，利用网络自身的超链接结构给所有的网页确定一个重要性的等级数，当从网页 A 链接到网页 B 时，就认为网页 A 投了网页 B 一票，增加了网页 B 的重要性。最后根据网页的得票数评定其重要性，以此来实现排序算法的优化，而这个重要性的量化指标就是 PageRank 值。

但是网页和学术上的出版文献的差别是很大的。首先学术论文的出版、发表十分严格，网页的出版则较为自由、成本很低并缺乏控制，用一个简单的程序就可以产生大量的网页和很多链接。另外学术出版物的引文一般和文章的领域有关系，但网页的链接范围和涉及领域却很广。可见简单的链接数量计算并不能客观真实地反映网页的重要性，所以 PageRank 算法除了考虑网页得票数（即链接）的纯数量之外，还要分析为其投票的网页的重要性，重要的网页的投票有助于增强其他网页的重要性。

二、文本分类挖掘

（一）文本分类概述

文本分类是指按照预先定义的类别体系，为文档集合中每一个文档确定一个类别。[①] 文本分类是一种重要的应用问题，隶属于机器学习中监督学习领域的一支。需要注意的是，在文本分类的问题里，被用于搭建文本的分类系统中的文本分类系统是固定的，类别系统一旦被更改，就需要构建一个跟进更新的文本分类系统。另外，在利用文本分类的方法时，并不一定要求某一段文字或文本属于特定的某一类别。

一般来说，文本数据是互联网时代最常见的数据形式之一，新闻报道、网页、电子邮件、学术论文、评论、博客帖子等都是常见的文本数据类型。文本分类问题往往因主要目的的不同而有很大差异。例如，根据文本内容，可以有不同的类别，如“政治”“经济”和“体育”；根据应用目的的要求，检测垃圾邮件时，可分为“垃圾邮件”和“非垃圾邮件”；根据文本的特点进行分类时，可以分为“积极情感文本”和“消极情感文本”。

（二）文本分类基础结构

文本分类一般分为两大基础结构：一是特征表示；二是分类模型。文本分类基础结构如图 3–1 所示。

---

① 邓莎莎 . 解读大数据 支持决策研讨的文本分析方法研究 [M]. 上海：中西书局，2017：134

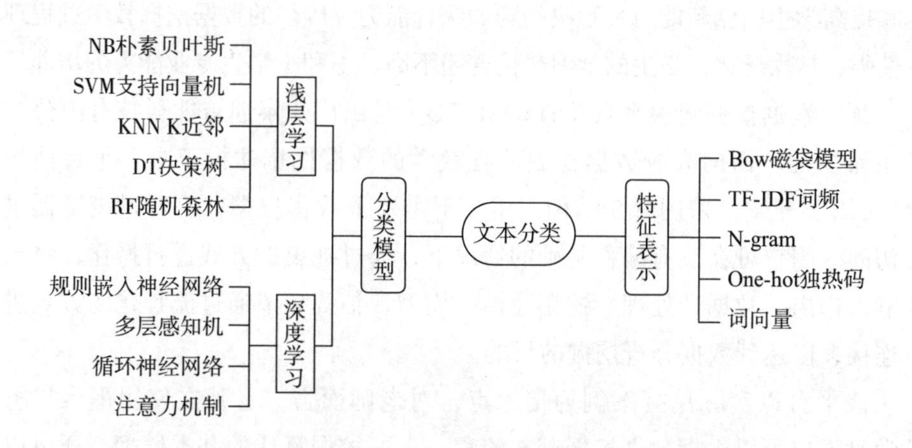

图 3–1　文本分类基础结构

浅层学习模型结构并不复杂，其运行时获得文本特征的步骤依赖于人工获取，虽然模型的参数较少，但是不影响其处理复杂任务的性能。

深度学习的模型结构较为复杂，其运行时获得文本特征的步骤并不依赖于人工获取，可以直接对读取的文本内容进行学习、建模，其模型的运作较为依赖数据本身，故存在领域适应性不强的问题。

第三节　常用的数据挖掘平台

一、TipDM 数据挖掘平台

（一）产品概述

当今社会已经步入大数据时代，数据挖掘已经成为各应用领域的重要技术，高校数据挖掘课程也应运而生，数据挖掘课程综合了多门学科知识，该课程既包括各种理论知识，又离不开相关的实践技术，通过整个教学过程可以培养和提高学生的创新能力及解决问题的综合能力。以往的数据挖掘教学过程理论性强、枯燥乏味，学生的学习热情普遍不高，不利于学生专业能力的培养。

顶尖数据挖掘建模平台（TipDM–TB）是由广州泰迪智能科技有限公司自主研发的、面向高校数据挖掘课程教学的数据挖掘建模工具。平台使用JAVA 语言开发，采用 B/S 结构，用户不需要下载客户端，可通过浏览器进行访问。用户可在没有编程基础的情况下，通过拖曳的方式进行操作，将数据输入输出、数据预处理、挖掘建模、模型评估等环节通过流程化的方式进行连接，以达到数据分析挖掘的目的。

该平台以实际挖掘案例为切入点，对老师而言，老师在使用平台进行教学时不仅可以讲授数据挖掘基本流程、主要挖掘算法的基本原理，还可以使用平台的示例模板讲解一个算法的应用场景或者是一个完整案例的挖掘步骤，并查看各步骤源代码。老师还可以上传自定义算法，与平台算法进行对比。对学生而言，该平台大大降低了学习数据挖掘的门槛，让学生对数据挖掘有了更感性的认识，激发了学生的学习兴趣。

（二）产品构成

本产品主要由数据管理模块、算法组件模块 、模型管理模块、案例示例模块、可视化操作模块、任务调度模块和接口拓展模块构成。产品构成如图 3–2 所示。

CSV
DB2
SQL Server
MySQL
ORACLE
数据管理模块
聚类分析
关联规则
回归
文本挖掘
统计分析
深度学习
自定义算法
算法组件模块
模型部署
模型评估
模型分享
模型管理模块
电子商务
智能推荐
电力窃漏电
用户自动识别
应用系统负载
分析及预测
电商产品评论
数据情感分析
VIP
航空客户
价值分析
更多
案例示例模块
Vue. js
算法组件渲染 数据模型状态维持
D3
D3. js
流程绘制
可视化操作模块
定时同步数据源任务
定时工程任务
任务调度模块
整定控制器
模板控制器
任务控制器
项目控制器
用户控制器
更多
接口拓展模块

图 3-2　产品构成

第四章　大数据在相关行业的应用

如今，全世界的商业生态环境都在发生巨变，人手一个的智能手机、各式各样的智能设备、24h在线的互联网信息传输，让一个个网络用户的画像越来越清晰；加之云技术日渐成熟，让企业可以在可控的成本下进行大规模的用户行为研究，大数据技术无疑在催生新的蓝海，将为市场带来更多的经济增长点。

第一节　大数据发展的机遇和挑战

一、大数据发展的机遇

（一）大数据为市场提供了新的机会

随着人们对大数据技术看法的不断变化，大数据技术发展的重心逐渐从数据存储过渡到了对大量数据的挖掘与应用，这种变化已经深刻地影响到了相关企业的发展规划和商业模式。各大企业逐渐认识到，大数据应用的完善和成熟，不仅意味着企业能通过该技术获得更多的利润，还代表着其他企业难以复制的竞争优势，这种正反馈效果助长了企业对大数据技术的青睐。一方面，大数据技术可以帮助企业挖掘出其掌握的巨量数据信息的价值，并对信息进行整合、分析，搭建出一个系统化的数据体系，从而全方面优化企业的各种机制。另一方面，在如今的消费市场上，消费者的需求变得越来越个性化，这就要求企业能够根据不同客户的喜好生产同质化低的产品，而大数据技术在满足消费者个性化需求的层面上效果卓著，已经在逐步改变大多数公司的发展规划。

（二）信息技术强化了大数据的处理分析能力

移动互联网、物联网、数字家庭和电子商务是新一代信息技术的应用领域。大数据系统通过这些技术不断采集新的信息，然后对不同来源的数据进行统一且全面的处理、分析和优化，最终将整合后的结果交叉反馈给各种应用，从而进一步改善用户体验，创造巨大的商业价值、经济价值和社会价值。因此，大数据技术可以起到促进社会变革的作用，但想要充分发挥大数据的这种特性需要出台更加严格的规范，避免大数据技术被不法分子利用。

（三）大数据在商业上的潜力以及需求助推信息产业发展

随着大数据应用在越来越多的行业中体现出独有的价值，其在市场上的潜力将会被市场高度认可，与大数据技术有关的新理念、新产品、新创意将越来越受到投资者的青睐。随着资本不断涌入，信息产业也将获得空前的繁荣。可以预见的是，在硬件市场，由于市场的需要，更大的存储空间、更快的读取速度将是硬件技术进一步发展的方向，更高效的集成数据存储和处理技术将会不断拓展；而在软件领域，由于大数据技术包含的巨大市场需求，也会对相关软件的开发有一定需求，这对那些程序开发公司来说也是一个不小的机遇。

（四）大数据技术的发展催生信息安全服务

大数据技术在给用户带来便利的同时，也使得用户的信息变得不那么安全。随着各种搜集用户数据的技术以及工具的出现，用户的个人信息数据被盗取的风险也越来越高，因此，针对这种情况而设计出的用来保护个人或企业数据安全的信息安全服务具有了很大的市场，这为相关领域的创业公司提供了不小的机遇。

二、大数据带来的挑战

（一）不同领域术语的转换

移动智能终端的普及以及物联网和云计算技术的广泛应用引起了人们对

大数据技术的重视，相关的科技企业需要重新设计和优化系统方案。大数据在采集和存储数据时几乎是“来者不拒”，这就导致其对一些专业领域内的专业术语的数据处理存在困难，加上各行各业的领域都在不断细分，其中衍生出的大量“行话”“业内术语”“专业术语”都进入了数据库中，为大数据系统对数据库进行进一步整合造成了困难。

（二）大数据技术的进一步应用存在困难

在实际生产过程中，一些行业产生的数据包含着各种复杂的参数，这些参数较为复杂，通用数据分析模型很难对它们进行进一步的集成和分析。目前常用的数据处理方法对结构化数据的处理效果较好，但还不能准确集成大量的非结构化数据。如何实现各种数据的跨行业和跨领域相关性，从而高效准确地获得分析结果，也是大数据技术研究者需要考虑的问题。

（三）提供便利和保障隐私安全同时并进

通过采集大量的用户数据，大数据系统可以为用户提供定制的服务，满足他们的需求。然而，这种用户数据采集很容易越过红线，成为对用户隐私的侵犯。在采集用户行为数据之前，大数据系统无法确定哪些数据是私有的、哪些数据采集是违法的。如何在两者之间取得平衡，也是相关技术研究人员考虑的关键。

（四）数据分析与管理人才紧缺

一种新技术的出现，总是需要与之匹配的人才进行操作，由于互联网技术的特殊性，有关互联网的一些风口总是会在短期内进行扩张，这种扩张速度往往超过了人才培养的速度。面对这种高效的技术以及丰厚的市场回报前景，无论是政府还是企业都需要大量吸纳相关的技术人才。也因此，培养大量大数据分析人才已成为当务之急，这对目前互联网领域人才培养机制提出了新的挑战。

第二节　大数据在信息安全领域的应用

一、计算机安全系统中的大数据技术

首先，我们要提到云计算，它是一项具有代表性的支撑大数据的技术。云计算技术主要可以分为分布式和并行式两种形式，在实际的应用过程中，这两种形式可以有效地处理计算机中的数据信息，以促进信息资源的有效整合，并且执行应用于网格计算的最佳资源分配方案。从目前的社会发展情况来看，以云计算为基础和前提的大数据技术可以科学合理地处理计算机系统的问题，促进其信息处理更加效率化。云计算技术的持续发展，大大扩大了数据的存储容量，同时扩展了其实际应用的范围，从而将系统扩展到更多的领域之中。在数据备份方面，云计算技术可以显示海量数据之中的交互特性，这个特征的存在可以为人们的交流和生活提供更方便的服务。与此同时，这种技术的广泛应用又对相关信息系统的隐私保护带来了巨大的挑战。为了完全确保数据安全，我们必须注意数据备份的方式和方法。在信息系统中，应用大数据技术使备份技术能够获得更安全的存储空间。在备份技术持续升级和优化的基础上，数据安全性得到了充分保障。在此情况下，还需要注意计算机的操作系统和技术的兼容性问题，从而使数据信息的丢失和被盗风险降到最低。大数据技术运行程序图如图 4-1 所示。

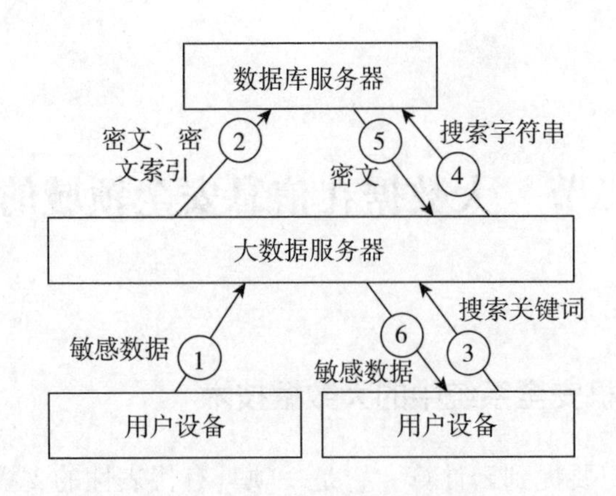

图 4-1　大数据技术运行程序图

二、大数据时代的计算机信息安全问题

（一）恶意病毒入侵

21 世纪以来，计算机技术的发展突飞猛进，但在不断发展进步的同时，其相关的技术弊病和漏洞也逐渐显露出来。一些掌握了相关技术的人开发出的病毒程序不仅能够盗取硬盘中的资料，还会对计算机程序的正常运行造成破坏，甚至造成计算机系统瘫痪。加上一些不法分子的恶意攻击，计算机用户的信息安全受到较大威胁。如何能更进一步地为用户数据安全提供保障，是目前相关领域的软件公司值得重视的问题。

相信网龄较大的网友一定对当年的互联网两大“神兽”有着深刻印象，这两大“神兽”分别是“木马病毒”和“熊猫烧香”。在那个家庭计算机刚刚开始普及的年代，人们还没来得及对计算机技术有更深入的了解，面对计算机病毒的入侵显得束手无策，甚至遭受财产损失。2017 年，臭名昭著的 WannaCry 病毒又在互联网上掀起不小的波澜，这个病毒造成 99 个国家被病毒入侵，其中被攻击频率最高的是欧美国家。在用户没有任何操作的情况下，WannaCry 2.0 可以自动扫描系统文件然后植入恶意程序，这种恶意程序会将用户的重要数据封锁，用户硬盘内存储的图片、文档、影像数据等文件都会被加密封锁，同时桌面会弹出勒索窗口，要求受害用户以比特币的方式给攻击者汇款，从而达到勒索用户的目的。

世界上已知最早的病毒勒索记录可以追溯到 1989 年的 AIDS Trojan，这种病毒通过软盘插取的方式传播，以现在眼光来看，AIDS Trojan 的传播速度和危害程度都比较一般。

而随着互联网技术的不断进步，以及云计算和云存储技术的成熟，个体计算机用户对勒索病毒的抵御能力也在变强。在 2020 年，一款名为 WannaRen 的病毒开始在互联网上肆虐，虽然 WannaRen 的名字明显是对它的病毒前辈 WannaCry 的致敬，但这次 WannaRen 并没有做到如它的前辈一般“叱咤风云”。直到该病毒团队自首，该团队的比特币账户一共才收到 0.000 094 9 个比特币的可怜收益，而这个数目的比特币在当时折合人民币大约不到 5 元钱。

之所以只得到如此“战果”，并不是因为该病毒制作团队水平不行，事实上，WannaRen 攻破了不少家庭以及企业的主机，但这些被攻击的用户根本不吃这套。究其原因，近年来人们的数据安全保护意识不断提高，很多用户在采取常用的安全防护手段的同时，养成了定时对系统、重要资料进行备份的习惯，这使得大部分受到攻击的用户根本没有交付赎金的意愿。最终随着事件越闹越大，以及政府也想在信息安全领域建立威信，该黑客团队迫于压力决定自首，成为史上“最失败”的病毒勒索团队。

（二）黑客入侵

计算机作为帮助我们学习和工作的主要工具，在我们的生活中占有重要的地位，为我们的生产和销售提供了极大的便利。随着大数据时代的到来，计算机的便利性和网络安全性也引起了大家的关注。网络安全问题已经成为一个迫切需要解决的问题。黑客利用相关技术和网络漏洞控制计算机服务器，并利用其他非法手段渗透其他用户的计算机系统，窃取其隐私，为自己谋取利益。如果计算机受到攻击，服务器受损，网络就会瘫痪，用户将无法再享受这项服务。一般来说，黑客会选择范围广泛的区域进行入侵，甚至国家机关的计算机系统也会受到黑客的攻击。我们需要研究计算机黑客入侵的问题，并从中找到有效的解决方案，以确保大多数计算机用户都能安全地使用计算机。

随着比特币等一系列加密货币在互联网上的流通，黑客组织早已对普通人或者富商的个人存款账户没了兴趣，由于比特币自身的数据加密技术，近年来黑客把获得经济收益的重点都放在了盗取或者勒索比特币上。据相关媒体报道，2022 年 3 月 30 日，Axie Infinity 侧链 Ronin 验证者节点遭到黑客入侵攻击，共计 17.36 万枚以太币被盗，造成的经济损失折合约 6 亿美元。[①]2016 年，一家名叫 Bitfinex 的数字加密货币交易所发文称遭到黑客组织攻击，大约有 12 万枚比特币被盗取，这些比特币的价值折合几十亿美元，而组织此次攻击的是美国一对黑客夫妻。2022 年 2 月 8 日，这对夫妇被美国联邦政府逮捕，并将面临洗钱罪名的指控，但他们盗取的比特币并没有被全部追回。

随着互联网技术的不断发展，人们在互联网上存储的信息资源、存放的资产比例越来越大，相关产品研发方也在为了给用户带来更多的便利而展开研发，在新理念、新技术、新平台不断诞生的同时，更多的漏洞也在逐渐积累，而由于互联网去中心化的属性，很难有一个统一的组织对整个互联网的数据安全进行保障，这就给了黑客很大发挥空间。如何在大数据时代保障网络信息数据安全，无疑是如今的计算机相关企业需要认真考虑、认真对待的事项。

（三）垃圾信息

随着互联网技术的发展以及各种智能终端设备的普及，人们获得信息的方式方法越来越多样，了解新闻时事的效率也越来越高，如今的人们已经能做到“不出门而知天下”。无论是用户主动地通过手机搜索，还是相关软件为了抢占用户使用时长而主动给用户推送各种消息，用户都主动或被动地不断接收新的信息，但是渐渐地人们发现这种便利是一把双刃剑，用户确实是提高了获得信息资源的效率，但同时面临着垃圾信息的侵扰。

在移动手机刚刚普及的时代，人们收到的垃圾信息大多来自各种诈骗邮件，在那个打开一个网页需要半分钟的 2G 网络时代，想利用网络给用户推送垃圾信息是不现实的。随着智能手机和信号的不断升级，互联网的灰色产业从中受益，大量的诈骗、虚假信息被推送给用户，导致互联网诈骗案频发。

① 徐芸茜 . 史上最大 DeFi 黑客攻击：热门链游 Axie Infinity 遭攻击，黑客洗劫超 6 亿美元 [EB/OL].(2022-03-30)[2023-03-09].https://baijiahao.baidu.com/s?id=172873641777 9600464&wfr=spider&for=pc.

在如今这个信息过载的时代，用户每时每刻都主动或被动地接收到各种推送，表面上这些超量的信息并不能造成什么伤害，但实际上推送的信息中垃圾信息的占比过大，优质的、有用的信息占比很小，垃圾、无用的信息充斥在网络世界之中。垃圾信息大致分为两大类，第一种是存在时间更长的诈骗短信、骚扰电话、有害信息等；另一种则是如今互联网上随处可见的各种虚假信息、谣言等。如今的人们对第一种信息的防范意识已经很高，上当受骗的人已经是少数，但对第二种垃圾信息危害程度的认识明显不足，防范的意识也不够，导致网络上一些从事灰色产业的“自媒体”“营销号”大行其道，在网络上大肆散布虚假信息误导大众，给人们的生活带来了负面的影响。

现代人与互联网，尤其是移动互联网的关系越来越密切，没有网络甚至难以生存，所以治理网络环境的工作一刻也不能放松，有关部门应当加强监督，各级公共部门和机构的媒体也应及时反应，使正能量信息能够进入“信息领域”。同时，相关部门对一些商业网站和自媒体要严格管理，加强检查和抽查，积极净化网络环境，加强信息网络环境管理，对一些有意引起人们注意、散布不良信息的自媒体作者，要及时给予警告，甚至查封。相关自媒体作者应该严格自律，诚实报道，并严格遵守相关法律法规，绝不能成为制造垃圾信息的“黑作坊”。监管机构必须及时调查、处理那些表达错误观点和误导互联网用户的人。广大网民也要行动起来，积极举报发布不良信息和垃圾邮件的网站和媒体，坚决遏制互联网上各种形式的无聊、无用、无效、无耻的垃圾邮件。通过自上而下的共同努力，我们必将有效净化网络环境，减少信息浪费。

（四）程序漏洞

软件作为计算机技术的核心，多年来一直发挥着巨大的作用，尤其随着计算机技术的不断更新以及计算机在家庭用户间的普及，越来越多的计算机软件被开发出来并应用于人们生活中的方方面面。然而，随着计算机应用的推广，数量逐渐积累的软件源代码也越来越多，这使黑客有更多的角度和机会去攻击计算机软件的内部系统，对计算机用户的信息数据安全造成损害。

对计算机软件来说，安全漏洞（bug）也称为计算机的脆弱性，是指由于计算机系统存在被恶意攻击或入侵的缺陷，导致网络信息在传输中存在外泄的可能性。[①]黑客可以利用计算机系统的安全漏洞攻击计算机系统，从而影响计算机的正常运行。在软件开发工程师开发计算机软件时，开发步骤留下的技术错误也可以称为计算机安全漏洞。因此，许多计算机在安装主体时经常安装防火墙和防病毒软件，以防止因计算机安全漏洞而造成损失。一般来说，使用防火墙和防病毒软件可以有效防止良好的工作环境中出现安全漏洞。然而在现实生活中，防病毒软件和防火墙并不能完全防止安全漏洞的发生。真正有能力的黑客会在进入计算机系统时自动攻击，这不仅会使用户丢失重要的系统信息，还会对计算机造成损坏，甚至导致计算机无法正常启动。漏洞可根据其所在层面分为两种：安全层面的漏洞和功能层面的漏洞。安全层面的漏洞在正常情况下，并不会影响计算机软件的正常功能，但一旦该漏洞被黑客利用并发起攻击，就会导致计算机软件的操作错误，严重影响计算机软件的正常功能；功能层面的漏洞是指影响计算机正常运行的计算机软件的漏洞，如编辑过程中的错误和操作结果中的错误，会导致用户对计算机的基础操作命令失灵，严重的会导致计算机系统彻底损坏，造成不小的财产损失。

三、大数据技术在计算机安全系统中的应用

将基于大数据技术的人工智能应用到计算机安全系统中可以有效地提高计算机系统的安全等级。计算机在连接网络之后就有被黑客攻击的风险，而这种攻击往往是发生在代码层面的，普通用户无法及时地应对这种攻击甚至无法意识到自己的设备正在被入侵。面对这种情况，个体用户可以安装人工智能的软件，让人工智能成为电脑的管家。这种人工智能可以按照大数据技术提供的黑客攻击方式，以及应对手段有效地对病毒或者黑客入侵进行反击，由于有大数据技术的支持，人工智能可以在很短的时间大量更新自身的数据库，在最短的时间内构建一套最行之有效的防御程序，从而完善计算机编码，修补计算机漏洞，充分发挥人工智能的优势，保障用户的数据安全。在计算机安全系统中，基于大数据的人工智能技术在计算机安全系统中有以下几点应用。

① 丁倩，张娴静．计算机信息技术数据的安全漏洞及加密技术研究 [J]. 赤峰学院学报（自然科学版），2019,35(05):43-45.

（一）智能防火墙在网络安全防御中的应用

在传统的网络安全防护中，我们通过设置单个防火墙或通过系统设置网络防火墙来保护办公电脑和服务器，从而隔离外部的危险信息。因此，防火墙在维护网络安全方面发挥着重要作用，也是最常用的防御工具。随着网络技术的发展和更新，防火墙技术的隔离功能在一定程度上受到限制，不能完全隔离外部信息的干扰，防御功能也不能很好地满足计算机的安全要求。对普通用户来说，他们在使用计算机时经常会遇到各种危险链接，很容易被黑客攻击，导致计算机中出现大量病毒，不仅会影响计算机的性能，还会导致个人信息的泄露。所谓的智能防火墙是对传统防火墙的技术更新，它采用人工智能技术，充分利用人工智能识别技术，不仅可以快速分析和处理各种数据，还可以集成代理技术和过滤技术，不仅可以减少计算机的计算数据量，还可以扩大监控范围，及时准确地截获有害数据流，提高防火墙的防御性能，更好地保护网络安全环境。

（二）垃圾邮件自动检测技术在网络安全防御中的应用

随着网络技术的飞速发展，互联网用户越来越多地使用电子邮件。垃圾邮件是目前互联网用户最讨厌的网络滥用行为之一。许多无用的垃圾邮件不仅消耗有限的网络带宽，还消耗邮件服务器的存储资源，甚至一些垃圾邮件包含大量不良信息，欺诈行为也常通过电子邮件进行。它们对用户的个人信息和财产构成了严重威胁，给用户带来了极大不便。如何处理这些问题是电子邮件系统面临的最大挑战。因此，在人工智能技术的支持下，垃圾邮件自动检测技术应运而生。在新一代反垃圾邮件系统中，人工智能技术的应用不仅可以保护用户数据的安全，还可以自动检测垃圾邮件并进行智能识别，及时发现邮件的敏感信息并采取有效的防范措施，拦截或删除恶意电子邮件，确保了电子邮件的内部网络安全，并防止用户受到垃圾邮件的骚扰。

（三）人工神经网络技术在网络安全防御中的应用

神经网络是人工智能研究最重要的研究方向之一。以一个三层神经网络为例，它主要包括三个部分：输入层、输出层和隐藏层。神经网络起着连接的作用。基本上，神经网络可以相互独立地工作，也可以通过相互连接形成一个简单的“处理器”。也就是说，在网络安全防御中，它们可以单独行动，进一步增强防御效果。例如，在计算机中存储信息的神经网络系统通常采取分布式存储，其学习能力也相对较强，在计算机受到各种病毒攻击时其可以进行全方位的独立控制，提高计算机系统的安全性和防御功能。此外，神经网络的学习能力也比较强。目前，许多技术人员正朝着深度学习的方向进行研究，以提高神经网络的学习能力，使神经网络能够适应网络安全的变化。即使考虑到外部信息的多样性，神经网络也可以通过深度学习来解决，以提高网络安全防御的整体质量。

四、大数据技术给计算机信息安全防护提供的保护措施

（一）通过云计算技术保护数据安全

云计算技术是大数据时代最核心的技术之一，云计算技术的发展对大数据技术的成熟起到了巨大的推动作用。云计算技术是一种根植于并行、分布式的计算方法的技术，其可以有效地对数据库的大量信息进行整合分析，将互联网上种类繁多的信息数据梳理出一定的内在联系和规律，然后再进行并行式网格化的处理，最终达到对多种信息资源进行规律配置的效果。在这种技术背景下，云计算和大数据技术可以有效地实现对计算机信息安全系统的优化配置，增强计算机信息安全系统的交互性，使计算机数据处理的能力进一步提高，同时提高对用户信息资源的保护能力。

通过大数据技术，可以构建出一个针对实时网络数据异常的检测程序，这个程序可以在后台 24h 检测用户的数据安全情况，结合即时的流式处理计算技术，在获得异常数据后能够通过云计算等技术迅速反应，从而降低用户数据被攻击入侵的概率。

（二）通过数据备份技术保护企业和个人数据

互联网技术提供的强大的互动能力不仅促进了人类的交流和经济生活，也对信息保护尤其是隐私保护问题提出了挑战，这使得大数据技术应用中的信息保护成为备受关注的议题。因此，数据备份功能显得十分重要，在将大数据技术应用于计算机信息系统尤其是企业信息系统的过程中，数据备份技

术可以最大限度地提高企业信息的安全性，创造安全稳定的存储空间。当前，信息爆炸的时代背景下催生了造成信息泄露和隐私威胁的黑客团体，这些团体通过直接或间接的攻击方式对用户的数据安全造成威胁。对于个体用户来说，数据的安全会影响个人的经济财产；而对于企业来说，信息数据资源的安全是关系到企业发展的关键问题。因此，在实践中必须不断优化和升级数据备份技术，以解决突发事件造成的数据丢失问题。为了提高数据备份技术的适用性，应该格外注意数据备份技术与企业信息操作系统的有效兼容性，以最大限度地降低突发事件中信息丢失的概率。而通过大数据技术，可以有效地改善这一局面，大数据技术可以通过采集一系列数据，调整优化云端数据备份存储的模型构造，并升级其抵御黑客攻击的能力，从而实现对每个互联网用户信息数据和财产安全的保护。

（三）通过大数据技术抵御恶意软件

通过大数据技术和云计算技术的深度结合，可以开发出一类专门抵御信息攻击的云安全系统，这种云安全系统可以有效抵御恶意软件或病毒的攻击。首先，云安全系统的主要计算过程都发生在云服务器中，这使得其本身对病毒的抵御能力就高于传统杀毒软件。其次，云安全系统可以通过大数据分析技术研发检测和防御攻击的策略，通过分析恶意程序的分布情况、感染目标的终端状态，对所有网络访问行为进行归纳整理，可以得到数据之间的关联与逻辑，还可以将数据进行可视化处理。云安全系统可以实现全天24h无间断的数据安全监控，自动检测异常的网络后台数据并进行监控，一旦确定攻击行为就开启防御程序，从而对用户的数据进行保护。

目前，基于云计算和大数据技术的云安全和云杀毒系统已经在各大企业中得到广泛的应用。云杀毒技术在传统的杀毒软件的模式上增加了新的对大量客户端软件异常行为的24h实时监测，从中获取不同木马病毒以及恶意软件的最新攻击方式，通过对大量的客户端受攻击情况进行总结，运用大数据技术找出其中的规律并进行进一步的分析和处理，然后把行之有效的解决方案分发给每一个独立的客户端，从而及时地发现并处理用户电脑中潜藏的病毒代码和恶意程序。

第三节　大数据在生物医学领域的应用

一、传染病预测

不同于我国过去几十年中高端制造业落后于世界的情况，如今我国的科技水平早已今非昔比，在一些计算机技术方面已领先全球，其中的典型就是云服务器技术、大数据技术以及人工智能技术。利用这些先进的计算机技术，可以更合理地应对突发的大规模传染病。

大数据技术在疾控预警和检测领域中将起到不可替代的作用，对大数据技术来说，真实的数据来源是十分重要的。通过分析人类社会的传染病史，我们可以清楚地发现，基于错误数据的结论与真实情况相差甚远，如何从一线医疗机构获得真实可靠的数据已成为相关研究机构重视的问题，为此相关技术人员开发了电子病历系统（EMR）、实验室信息管理系统（LIS）、影像归档和通信系统（PACS）和医院信息系统（HIS）等几个主要系统，从而为相关机构提供了可靠的数据源。EMR 是国家推动的医院信息化升级的一个核心系统。从 2018 年到 2019 年，中华人民共和国国务院（下文简称国务院）和中华人民共和国国家卫生健康委员会共制定了 9 项政策，详细规定了电子病历的硬性要求。北京大数医达科技有限公司为南京市疾病预防控制中心构建的疾病与监测预警系统直接与当地医院的 EMR 连接，该系统应用大数据和人工智能技术对医学知识图进行建模，然后从人工智能匹配知识库中直接提取语义结构的 EMR，再判断 EMR 是否包含传染病的关键词。一旦被人工智能判定为可疑或高度怀疑是传染性样本，该系统将直接检查并连接到医院的 EMR，然后启动数据汇总和预警分析系统。同时，该系统还结合历史疾病数据进行学习，并结合区域密度和人口流动性等数据，对传染病发展速度和可能分布区域等数据进行预测，以便为疾病控制决策提供参考数据。

对传染性疾病进行防控需要耗费大量的人力和物力，一旦有传染性疾病传播开来的苗头，当地的医疗系统和医疗从业人员都将面临严峻的考验。一个城市百万级起步的人口想要人工汇集整理还原出实时的疾病防控情况几乎不可能，而大数据和人工智能技术可以完全胜任这个工作。有搜索平台通过数据调查发现，仅在美国每年都有将近九千万以上的用户通过互联网搜索与自身相关的疾病、药物信息，而大数据技术可以很好地把其中有关感冒发烧的搜索记录单独提取出来，再进一步整合之后，通过这些数据的内在联系可以很好地反映出当地流行病的状况。疾控负责人员可以通过这些数据分析当地某个区域的情况，然后给出进一步的应对措施。

二、智慧医疗

（一）智慧医疗的概念

近年来，5G 技术、物联网、人工智能、大数据、区块链技术等新一代信息技术得到了蓬勃发展，之前只在科幻电影中出现过的智能设备已成为现实。与此同时，智慧教育、智慧城市和智慧医疗也逐渐从预言走向现实，对人们的生产和生活产生着越来越深远的影响。

智慧医疗系统，指的是一种通过先进的物联网技术和计算机技术，构建出的一类健康档案医疗资料平台，在这个平台中可以实现当地医疗资源如医生、护士、医疗机构、医疗设备之间的互动，实现区域医疗资源的进一步整合。随着人工智能技术和医疗健康领域不断地相互结合，以及人工智能技术的不断发展，诸如计算机语音交互技术、人工智能视觉识别、人工智能计算等技术在不断地发展成熟。在医疗领域人工智能的应用将愈发丰富，人工智能的许多技术也会促进医疗机构的发展，提升医疗机构的服务水平。与过去的医疗模式不同，智能医疗系统拥有数据密集的特点，其可以使用更先进高效的互动方式并将大数据技术和人工智能技术结合起来，从而更好地为医生的诊断提供帮助，提升医疗服务的水平。

（二）智慧医疗系统的作用

站在医疗机构的角度，一方面，智慧医疗可以减轻医护人员的工作压力，帮助医护人员完成那些琐碎的、重复性的工作，从而提升医疗机构的效率；另一方面，智慧医疗系统可以有效地加强医疗系统的资源共享，让小型医院的医生也能够获得大型医院的一些病例数据以及治疗经验，从而降低整体医疗系统的运行成本。站在患者的角度，智慧医疗系统可以为患者实时地提供高效、安全的医疗服务，让患者遇到病痛时可以及时地通过智慧医疗系统先获得一定的指导建议，不仅有效保证了患者自身的生命健康，还能节省医疗机构中诊断医生的时间成本，同时具有普及医疗健康知识的作用，最终实现更有效地对公共卫生突发事件进行防范。

（三）目前智慧医疗系统存在的不足

1.医疗数据共享存在问题

我国智能医疗的建设和发展总体上呈稳步上升趋势，但医疗行业的智能化和信息化水平不够高，医疗资源的整合和共享难以充分发挥。由于每个地区的城市发展水平不同，每个地区的地方医疗数字化程度也不同。数字化程度的不同，造成医院之间存在着明显的信息不对称，这样容易造成各地区医疗卫生数据采集整理程度不一致、评价标准不一致等问题，也容易导致“数据孤岛”的出现。由于医院之间相互隔离，患者信息无法同步，患者进入医院后可能需要重复相同的检查，这带来了巨大的人力和物力资源浪费，降低了行业效率，阻碍了行业的快速发展。

2.医疗数据安全未得到充分保障

智慧医疗系统虽然有百般优势，但与所有新兴事物一样，都会面临监管手段跟不上技术发展的情况。2019 年，谷歌公司和美国国内排名第二的医疗保健集团阿森松公司共同执行了“夜莺计划”，这两大公司在没有通知任何患者的情况下，擅自将几百万美国居民的就医资料整合进自己的数据库，严重侵犯了患者们的隐私权。随着公众对个人隐私问题重视程度的不断提高，如何在大数据医疗所需要的“开放共享”与“个人隐私”之间找到平衡，是所有相关机构都需要重视的问题。

3. 智慧医疗水平整体偏低

目前，我国的政策和相关法律法规为智能医疗的发展提供了一定的空间和资源。现实情况中，许多医疗卫生相关企业和机构还没有与医院形成完整的链条，覆盖全生命周期和预防诊疗康复的智能服务链尚未建立，在线诊疗与智能监控存在“脱节”现象。例如，睡眠监控等心脏监护智能设备未与医疗机构对接，影响治疗效率。所以相关部门应该尽快建设全国卫生信息平台，开辟区域数据资源渠道，提升业务协同能力，实现跨部门数据流通，构建一体化互动网络。

（四）已应用智慧医疗系统的一些平台

1. 智慧医疗体系

智慧医疗体系是通过互联网、移动信息化、大数据分析应用等技术，以强大的运营流程体系构建出的完整高效的技术服务运营体系，其中包括互联网医院、远程会诊中心、移动应急视频系统、居民健康管理中心、区域公共卫生系统等。这些系统之间紧密相连，通过整体运作和统一部署，大大提高了医疗服务效率，降低了医疗成本。

自 21 世纪以来，政府积极建立省、市等各级卫生信息集成平台，通过居民电子健康档案和医院电子病历的建设，实现了医疗卫生信息的全面共享。由此，医疗数据的采集不再局限于医院，还集中了社区卫生服务、私人诊所、实验中心等机构的患者数据以及医疗机构患者的临床信息。这些丰富多样的记录为医院、科研人员和制药公司提供了大量有效的数据支持。通过对医疗数据的分析，医疗机构和医疗从业人员可以监测和改善公共卫生情况，如预测流行病的暴发趋势以避免感染，检测和管理慢性病，使患者享受到更便捷和安全的服务。而随着老龄化社会的到来，慢性病已成为主要的健康威胁。医疗大数据平台的建立可以利用先进的信息技术，形成由官方机构指导的慢性病管理的模式，提高慢性病管理的效率和质量，帮助人们更好地预防和检测慢性病。

2. 智能医院系统

智能医院系统运用计算机、通信、自动控制等技术，结合医院自身的特点和工作需求，可以将医院打造成高效、舒适、安全的理想环境，提高医院的整体医疗服务水平。智能医院系统不仅可以降低管理人员的劳动强度，还可以有效改善患者的体验，最终达到节约成本、增加效益的目的。

智能医院系统一般由两部分组成：数字医院和应用推广。数字医院的组成包含四个部分：医院信息系统、实验室信息管理系统、医学影像信息系统和传输系统。通过这些系统可以实现患者诊疗信息和管理信息的采集、存储、处理、提取和数据交换。应用推广包括在数字化医院建设过程中应用远程图像传输、海量数据计算和处理等技术，可以提高医疗服务水平。以远程医疗技术为例，远程就诊可以避免医护人员和患者之间的直接接触，防止疾病传播。

3. 家庭健康系统

家庭健康系统可以采集、传输和分析健康生理数据，并通过可视化技术将健康状况分析结果实时显示给用户，它还可以根据健康指标的阈值来警告用户潜在的健康问题，这样用户就可以在不出门的情况下了解自己的健康状况。家庭健康系统是公民最贴近的健康保护，可以对因行动不便而无法送往医院治疗的患者进行视频医疗，对慢性病患者和老年患者进行远程护理，对残障患者和传染病患者等特殊群体进行健康监测，这种智能系统能够自动提示患者用药时间、服药禁忌和合适剂量。

三、生物大数据

（一）生物信息大数据技术的概念

生物信息学是基于计算机与互联网的应用和信息科学的知识方法对生物信息进行收集、整理、分析研究、处理和应用的一门交叉学科[①]，也是随着21世纪计算机技术的发展自然而然产生的生物信息技术和计算机技术相结合的新学科。由于地球上存在大量的物种类型，而这些物种的每一类都有着各自族群所携带的值得记录的数据，这些数据之庞大，让研究学者们自然地联想到使用计算机技术去处理这些数据。通过计算机大数据技术整合出来的结果可以让学者们更深入地了解生物学过程，包括农作物表型、疾病病理等信息。利用大数据分析技术，不仅可以减少相关学者在基础工作上花费的时

① 王哲 . 生物信息学概论 [M]. 西安：第四军医大学出版社，2002：04.

间，也能够有效地对个人、区域进行健康趋势的预测，实现真正的“防患于未然”。

（二）生物大数据的来源

生物大数据的数据来源主要有四个方向：患者反应、研发情况、诊疗数据和医保记录。生物大数据的四个来源如图 4-2 所示。

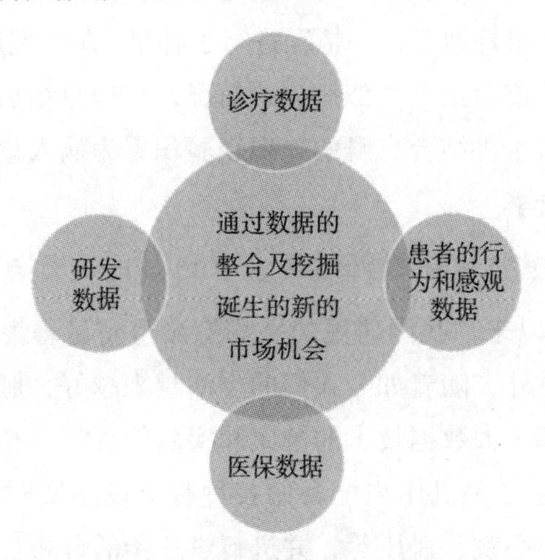

图 4-2　生物大数据的四个来源

其中，研发数据指的是相关研究机构以及药企做研发时记录的数据，这些数据包括相关病症各阶段的记录。当这些机构的产品进入市场之后，其疗效和副作用的数据也会被跟踪记录。诊疗数据是指医院的医生对患者进行诊疗的数据，这些数据更加真实、直观、可靠，一方面医生会对患者的症状和治疗效果进行记录；另一方面病人的病例和治愈反馈也会被忠实地记录下来，这些数据经过大数据整合之后，能够优化医生对一些病症的治疗方式以及用药选择习惯。医保数据则是对那些最终进行了治疗付费的病人的审核和报销记录，这些数据详细记录了患者病史等信息。患者的行为记录和感观数据是根据患者自身的反馈、行为产生的，通过这些数据可以将患者的家族病史、就医依从性等信息记录在册，同时患者穿戴的智能设备也会实时传输患者的体征信息给数据库，通过大数据技术可以把这些数据和其他有相同疾病的病人进行对比，从而对患者的生命健康进行保障。

（三）生物大数据技术的应用领域

1. 生物大数据技术能为医疗工作者提供决策上的支持

在过去，一位优秀医生的成长需要多年的一线行医经验，一位医生在行医生涯中见过的病例以及跟同行交流的机会都是有限的，加上现代医学的细分领域越来越复杂，导致再优秀的医生也难说自己能治百病，而生物信息大数据技术的出现就很好地对这一情况进行了补足。在处理病人的某类病症时，大数据技术通过搜集全世界类似病症的情况，整理总结后将计算机得出的数据呈现给医生，医生再结合自身的知识经验积累为病人诊治，可以大大提升医疗系统的工作效率。

2. 生物大数据技术能很好地帮助普通居民进行自身的健康管理

步入21世纪以来，我国居民的平均寿命得到显著提高，人口老龄化的问题得到重视。另外，随着如今人们的生活越来越好，肥胖率也开始变高。面对这些问题，基于大数据技术的健康和疾病管理将是相当有潜力的市场。大数据技术可以通过手机用户配备的各种智能设备实时地记录各项身体指标，如睡眠质量、心跳、血压等，并进行进一步的分析、处理、整合，最终得出相应结论和建议，帮助人们纠正不良的生活习惯。

3. 生物大数据技术有助于提高医药企业的研发效率

大数据可以通过多种方式，提高制药行业的研发效率。首先，各种数据的积累促进了最上游基础科学的研究，包括理解疾病的分子机制、开发新技术，下游产业的研发得益于上游知识的进步。其次，在制药企业的临床研究过程中，通过大数据分析可以找到最适合的患者作为临床对象，从而提高药物应答率，节省不必要的时间和成本。最后，药物上市后，通过对实际应用中大量患者的产品有效率和副反应率等相关数据的积累和挖掘，将其反馈到研发管道的上游，可以尽快发现潜在的项目。

4. 生物大数据技术能使各行各业受益

随着互联网和移动终端的普及，越来越多的患者开始通过互联网寻求治疗，这些搜索行为、购买行为和地理分布信息本身构成了生物大数据的一个新维度，扩大了生物大数据的受益群体。谷歌等大型搜索平台可以通过各地人们的搜索行为实现流行病学预警；阿里巴巴等国内企业通过对终端购买行为和搜索行为的数据分析，进行精准营销。随着互联网逐渐渗透到制药行业的每个角落，积累数据的挖掘值得期待。生物大数据受益方如图 4–3 所示。

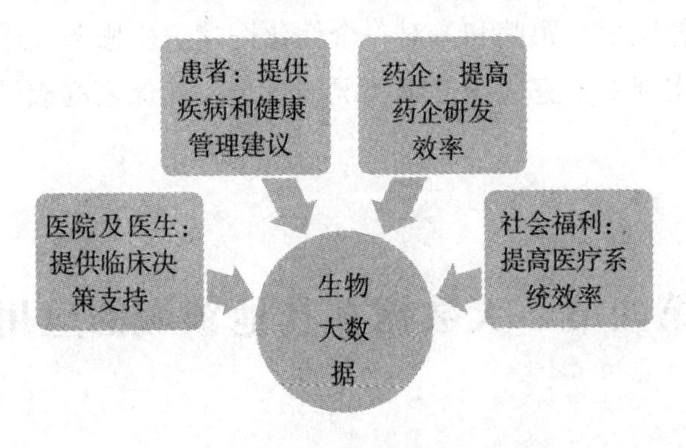

图 4–3　生物大数据受益方

四、大数据智慧医疗平台

基于大数据技术的网络医疗健康综合平台，通过利用智能终端技术和云计算大数据技术，从互联网线上到线下为用户提供科学、有效的医疗健康方面的建议，为保障人民的身体健康贡献出了一份力量。

线上线下综合医疗卫生服务平台的主要功能包括以下几点：①通过线上线下综合医疗卫生服务平台的建设，实现专家、医生、社区、家庭医疗服务从线上服务到线下服务的全方位对接。目前的医疗服务系统平台服务覆盖范围相对较小，主要侧重服务医院或社区，重视信息管理服务，为家庭提供的医疗和信息服务很少，两者之间也没有有机的结合。信息不对称和信息覆盖不全已不能满足高质量医疗信息服务的要求。此外，现有的网络医院还没有实现从线上服务到线下服务的全方位连接。②建立智能指导平台。与传统的医疗指导服务不同的是，智能指导平台采用大数据和人工智能技术，为缺乏医疗信息的患者提供可靠、便捷、合适的医疗信息服务，让患者能够选择最合适的医院和医生，实现患者的分流和治疗，避免了浪费宝贵的医疗资源，同时患者也可以避免被虚假医疗服务欺骗。③通过建立著名医生在线工作室和医生护士在线工作室，为专家、医生和护士提供多点实践平台。医生和护士可以利用演播室平台在业余时间为患者提供更周到的健康服务。他们还可以获得一定的奖励，以增加个人收入，实现多劳多得。必要时，该机构也可以提供线下服务。④建立社区重点人员健康信息档案，对独居老人、残障人士等重点人员进行健康信息跟踪和一对一个性化医疗卫生服务。通过建立家庭健康档案系统，实现对家庭成员健康状况的管理，确保家庭成员的生活质量。

第四节　大数据在其他领域的应用

一、大数据技术在智能制造领域的应用

（一）智能制造概述

制造业作为满足人类产品需求的行业，从古至今都在人类社会中扮演着重要的角色。人类文明的每一次重大变革几乎都同时伴随着制造业的巨大变革，而制造业的变革又伴随着科技的变革。经过机械化和电气化的洗礼，制造业已基本具备大规模、高效的生产能力。随着科技的发展和市场需求的变化，制造业开始步入智能制造时代。

科技进步是智能制造产生的基础。首先，工业自动化技术已经十分成熟，从规模的工业生产到短期制造都得到了广泛的应用。以可编程逻辑控制器、可视化工业软件等为代表的自动化控制技术不断发展和完善，使生产制造向柔性化方向发展。所谓柔性化，是指生产的柔性，在生产过程中可以保证生产产品的品种和类型转换而质量不变。不提高生产成本、不降低生产效率是智能制造的突出特点。无论是单一设备还是成套生产线，单一功能的生产模式都面临着被逐渐淘汰的局面。同一套设备能处理多种生产需求的型号逐渐流行起来。其次，在生产设备层面，越来越多的传感器被大量使用，尽可能地获取生产制造中的各种信息，为人机对话提供了越来越丰富的可能性。机

器再也不需要被动地接受人类的指令才能工作，它们开始实时向人类传输信息，包括机器本身的数据、生产的产品数据以及对人类指令的反馈等。这样就实现了人类历史上第一次真正意义上的人与机器的双向互动。生产制造过程中产生的大量数据不仅对生产制造的优化和改进起着巨大的作用，而且为制造的产品提供了更多的身份信息。最后，以集成芯片网络通信为代表的信息技术蓬勃发展，数据的处理速度和处理规模达到了惊人的程度，数据的传输和交换技术也完全可以满足当前制造业的需求。制造业产生的大数据被信息层获取并被更好地利用，实现了生产层和信息层的有效沟通，这使得制造业变得越来越智能化，不仅可以利用信息层的数据来管理、监控生产，进行灵活的产品制造，还可以不断地生产数据，为产品提供数据画像，为生产改进提供数据支持。由于生产层和信息层是相通的，生产出来的产品甚至可以直接连接到电子商务平台，为产品的销售开拓新的模式。

科技企业研究智能制造的主要推动力是社会需求总是在不断变化，随着科技发展和文化演变，用户的需求越来越多样化且个性化，这样的变化对传统的工业流程生产提出了挑战，工厂原有的生产大量的、重复的产品的模式已明显不能满足如今用户的需求。而智能制造具有柔性化的特点，可以最大限度地在控制生产成本不变的基础上满足顾客的多样化需求。

（二）智能制造的发展现状及挑战

经过多年的发展，我国制造业取得了令人瞩目的成就，已经成为世界制造业的主力，但与美国、日本等传统制造业国家相比，我国制造业的信息化水平仍处于较低水平。在结构方面，国内中小企业的实力普遍较弱，许多公司仍处于模仿阶段，并没有自己的原创技术或核心理念，因此在产品生产、设计理念等方面与其他大型公司存在明显差距。在这样的情况下，我国制造业迫切需要转型升级。为了解决这个问题，我国的各大企业开始将先进技术融入制造业，提高制造业的数字化、信息化水平，加强网络改造。

从产品生产的角度来看，生产自动化和柔性制造正使产品生产过程变得越来越智能化，企业不仅要考虑生产过程的准确性，还要提高产品质量，以提高产品的竞争力，这是满足人们需求、解决供需矛盾的关键。智能制造在我国仍处于起步阶段，大多数技术应用仍处于研发阶段，并没有普及开来，目前我国掌握并应用智能制造技术的公司只占总数的20%。虽然智能制造可以在实践中得到应用，但由于对智能制造缺乏深入了解、商业模式不匹配等原因，智能制造在超过一半的企业中无法得到广泛推广。此外，从传统制造业升级到智能制造业需要高昂的成本，这对大多数公司来说都过于沉重。在缺乏资金支持的情况下，想要取得进展变得更加困难。而为了应对新工业革命期间的国际竞争，发达国家已经就智能制造未来发展的重要方向达成了一致。美国制定了国家智能制造战略，将产业互联作为智能制造信息仓库的标志。在制造业层面，美国正在大力开发新一代工业机器人，以解决劳动力成本高的问题。而德国在智能制造领域提出了工业 5.0 的概念，强调工厂自动化和计算机化的集成，希望在制定工业标准方面起带头作用。

（三）智能制造与大数据

大数据并不是为了实现某些商业目的而出现的，中肯地说，大数据的出现是信息时代洪流中的一个现象，大数据是看待问题的一个角度和解决问题的一个工具。通过应用大数据技术，不仅可以预测需求，还可以规避一些风险，利用大数据去整合产业及价值链，才是大数据技术的核心目的。

要想明确智能制造与大数据的关系，需要重点考虑以下三个元素。

1. 问题

制造系统中的显性或隐性问题，如质量缺陷、精度不足、设备故障、加工错误、性能下降、成本高、效率低等。

2. 数据

从制造系统的5M[材料（material）、装备（machine）、工艺（methods）、测量（measurement）、维护（maintenance）]要素中得到的数据，能够反映问题的过程和原因，即数据采集要以问题为导向，目的是了解、解决、避免问题。

3. 知识

制造系统的核心，包括过程、设计和诊断。知识来自解决制造系统问题的过程，大数据分析可以理解为一种快速获取和积累知识的手段。

因此，大数据与智能制造的关系可以概括为在制造系统出现问题和解决问题的过程中，会产生大量的数据，我们可以通过大数据的分析和挖掘来理解这些数据，从而得到解决方案。当信息被抽象和建模并转化为知识时，就能被用来识别、解决和避免问题。一旦上述的这个过程能够自发、自动地运行时，我们就可以称之为智能制造。从这种关系中不难看出，问题和知识是目的，数据是手段。如今，利用大数据实现智能制造已经成为一种越来越令人重视的方式。在制造系统和商业环境越来越复杂的今天，利用大数据推动智能制造从而解决问题、积累知识或许是一种更高效便捷的方式。

（四）智能制造应用实例之一：海尔公司

2017 年 2 月 21 日，海尔公司在 2017 年工业互联网峰会上向世界正式发布了拥有自主知识产权的工业互联网平台——海尔 COSMO，这是我国第一个自主开发的以智能制造为核心的互联网平台。海尔公司将其硬件资源、软件资源和服务集中在海尔互联网工厂的基础上，构建出了这个可以大规模定制、生产且可以与需求方实时交互的互联网大数据平台。

海尔 COSMO 平台是海尔公司长期坚持智能制造的成果。自 2015 年下半年始，家电、服装电子、汽车、生物制药、交通运输等行业开始围绕“中国制造 2025”的国家战略，持续加大在智能化领域的投资，重点推动工厂智能化建设和改造。这类智能化项目的主要目标是使用机器来代替人，从而提高生产的自动化程度，降低人力资源成本，从而提高生产效率，其根本的战略方向是通过灵活和高效的生产满足用户的个性化需求。目前，海尔公司已经相继建成了 8 座智能工厂，解决了生产环节智能化的适应性问题。同时，海尔还为用户搭建了一个可供交流的社区平台，将传统研发模式转变为开放创新模式，将传统采购模式转变为模块供应模式，利用物联网技术开发智能产品和智能生活解决方案，充分利用互联网、大数据等技术，将整个海尔价值链整合为海尔 COSMO 平台。

二、大数据技术在智能交通领域的应用

（一）智能交通概述

智能交通系统的核心在于人工智能，想要构建一个智能化的交通系统，与之相配套的计算机技术手段是必不可少的。智能交通系统的构建需要多个领域的技术共同协作，如自动驾驶技术、即时通信技术、计算机技术等。相比于传统的交通系统，智能交通系统的投入使用能够大大降低相关的人力成本，提高交通监管者的工作效率，对道路系统进行全方位且精准的把控，有效地保障人们的出行安全。

（二）智能交通与大数据

人们在日常交通中积累的数据量极其庞大且复杂，其中包括各种路口、道路摄像头、红绿灯、交通信号指引、停车场、公交车、车辆定位、交通事故等数据。运用传统的交通状况统计分析方法肯定无法应对如此巨量的数据，由于大数据技术具有采集大量信息并对其进行整合、分析和归类的强大功能，将大数据技术引入交通领域无疑是很有意义的。

（三）大数据技术在智能交通中的发展现状和展望

目前来说，大数据技术应用到智能交通系统有以下两点优势。

1. 能够有效地减少交通堵塞问题，提高人们日常出行的效率和安全

大数据技术能够高效地采集公路系统中的各类信息，然后进一步归纳整合，通过算法得出结论后反馈给交通管理人员，从而实现高效的统筹安排；也能够通过智能终端将这些信息和建议给到出行的人们，让车辆驾驶者能够根据实际情况规划出目前最优出行路径，从而使道路交通资源得到充分利用。

2. 能够显著提升交通安全的等级

通过大数据技术整合出的交通信息数据，可以构建出一套行之有效的交通安全模型，由这套模型可以综合分析道路中车辆的情况及安全风险等级，从而给予驾驶者相应的驾驶指导，最大限度地降低发生交通事故的可能性。

与欧美国家相比，我国在智能交通领域的研发投入以及研究进展还有很

大的发展空间。虽然我国的基础设施建设和集成应用已经取得了很大的成果，但在技术层面还有很长的一段路需要追赶。我国想要在智能交通的领域取得突破，“互联网＋道路交通”相关技术的研发和资金投入是必不可少的，而“互联网＋道路交通”的核心就在于智能管控以及大数据技术的应用。通过大数据技术和智能交通系统的应用，不仅可以做到高效传达交通信息、优化公共交通系统，还能提高交通管理决策的效率，通过大数据云计算强大的信息数据整合能力，可以为道路管理决策者提供高质量的管理建议。并且，基于大数据技术的分析结果，还可以对过去城市道路规划中的不足之处进行整改，从而整体提升人们的出行效率。城市智能交通系统如图 4-4 所示。

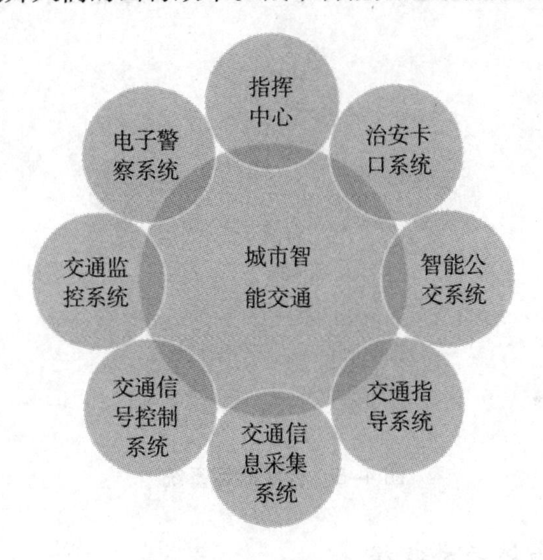

图 4-4　城市智能交通系统

三、大数据技术在智能航运领域的应用

（一）智能航运概述

智能交通这一概念起源于陆地交通，然后被引申到水路交通，由此产生了“智能航运”的概念。按照业界的一般共识，智能航运系统的定义是在系统工程的指导下，综合运用先进的信息处理技术、通信技术、传感器技术、控制技术等，并结合运筹学、人工智能等学科知识将水运管理系统通过各种

运输信息的实时采集、传输和处理，实现各种运输条件的协调和处理，建立起实时、准确、高效、大范围发挥作用的综合水运管理系统。该系统通过充分利用水运设施和信息资源，提高了船舶航行效率和安全性，最终实现水运服务社会化和智能化管理。智能航运的发展在以下几个方面具有重要意义：第一，提高航运能力；第二，由于运输效率的提高和绿色技术的应用，可以有效减少温室气体和污染物的排放，节约能源；第三，提高航运安全；第四，随着智能车辆、智能交通和人工智能的快速发展，以及物联网系统的逐步完善，构建空、陆、水三位一体的交通系统成为可能，作为该体系中的一个重要组成部分，智能航运的发展迫在眉睫。智能航运系统如图 4–5 所示。

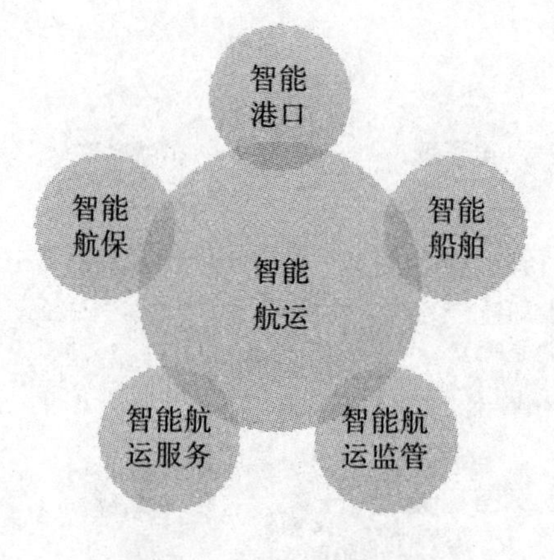

图 4–5　智能航运系统

（二）智能航运与大数据

随着计算机技术和通信技术的进步，建立全球航运数据中心成为可能。目前，中国远洋运输集团等国际航运公司已对其船舶的运营状态实施了全球监控，我国的内河船舶已经开始尝试远程监控船只的航行状态、机舱设备状态、驾驶员状态等。近年来，欧洲也提出了一个船运协作信息服务概念，名为欧洲内河航运综合信息服务系统，旨在支持欧洲内陆的导航、交通管理、运输管理和多式联运。这个系统不仅可以为用户提供静态信息，如电子流程图、法律法规、船舶的注册资料等，还可以提供船只的动态信息，如船舶位置、货物信息和预计到达时间等。

只要运输系统在运行，就意味着大量数据会不断“生成”并被计算机存储。航运系统生成的数据对应着大数据的“4V”概念，即价值性（value）、高速性（velocity）、规模性（volume）、多样性（variety）。如何有效地分析和挖掘这些数据是智能运输系统中需要解决的一个重要问题。目前，大数据的处理方法有很多，这些方法大致可以分为两类：一类是依靠机器超高的计算能力和人工智能，通过机器学习和数据挖掘实现大数据分析；另一类是依靠人类具备的而机器不擅长的认知能力，比如通过视觉分析等方法实现大数据分析。这两种方法都可以很好地应用到智能运输系统中。在目前的阶段，由于可视分析的实现难度较低，因此这种方法的应用普及更广，但相信在不远的未来，随着大数据技术和人工智能技术不断得到突破，人工智能设备将会完全取代人工在航运中的工作。

随着计算机领域、通信领域、信息领域的不断发展，船舶导航设备、自动化设备、传感器设备等也获得不小的更新和升级，加上物联网技术、大数据技术、云计算技术在船舶系统中得到广泛应用，船舶和船舶之间、船舶和港口之间的信息交流变得更加方便、快捷且高效，这些技术的提升都为智能航运系统的搭建提供了很大的支持。

一般来说，智能航运系统由环境感知子系统、路径规划子系统和控制子系统组成。环境感知子系统利用X波段雷达、激光雷达、视觉传感器、测深仪、AIS、电子航道图等手段，感知船舶周围障碍物（包括海岸线、桥梁、岛屿、航标船、其他航行船舶等）的信息，实时获取船舶周围障碍物的位置和速度。路径规划子系统可以根据船舶的预定路径和船舶周围障碍物的信息，实时独立规划船舶的移动路径。控制子系统是程控交换机的指挥中心，包括中央处理器、存储器、外围设备和远端接口等部件。智能航运系统的三个子系统如图4–6所示。

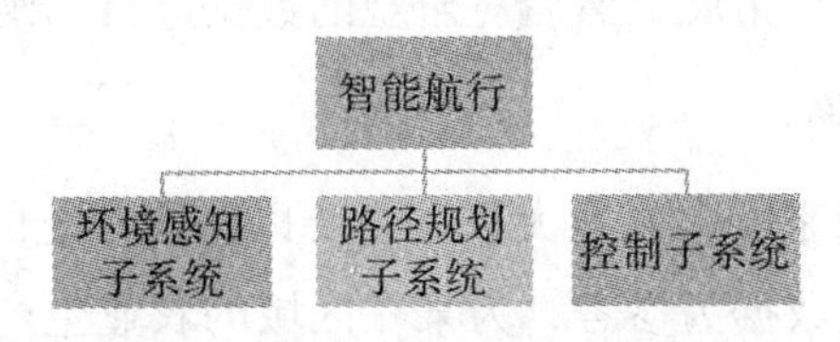

图4–6　智能航运系统的三个子系统

四、大数据在农业领域的应用

（一）农业大数据概述

大数据时代的到来，使人类认识和处理事物的能力又发展到了一个全新的阶段，大数据技术的发展不仅为人们带来了更宽阔的视野，还在不知不觉中改变着人们的生活、工作和思维方式。

通常来说，人们一般习惯于将大数据以及计算机技术与都市生活和工作联系起来。而实际上农业生产也是大数据应用的重要领域之一，并且更是大数据应用的典型领域。除了大型的农业公司外，大数据和气候云技术相结合，可以有效地整合农场机械化设备的种植和产量数据，以及气象、种植区划等多样化的数据，从而得到更为合理的种植决策，帮助农民提高产量和利润。

我国大数据相关政策、项目、技术和应用等逐渐进入实际落地阶段。各有关部门和地方政府的重视程度逐步升级，相关的政策措施和规划方案正处于高密度制定和发布时期。2017年，大数据在公共服务中的交通、医疗、农业、教育等领域逐步得到应用。随着第三方服务机构的参与，公众需求被不断挖掘，应用场景逐步丰富。2018年随着大数据基础设施的不断完善，数据分析和商业智能工具逐渐成为大数据的主力军，全球大数据产业呈现蓬勃发展趋势，而产业应用将是主旋律。

农业大数据的特征也满足大数据的“4V”特征，即价值性（value）、高速性（velocity）、规模性（volume）、多样性（variety）。其涵盖的内容主要可以从两个层面来分析。

1. 生产领域层面

从生产领域来看，农业大数据以具体的农业领域为核心，逐渐向与核心产业有关的子产品进行拓展，然后对宏观的数据进行归纳整理。

2. 生产地域层面

从生产地域层面来看，农业大数据主要以我国本土的地域数据为主体，并以一定的国外农业数据为参考，为某一区域的农业生产提供帮助。

站在种植业的角度，农业大数据的主体数据主要来自农业环境与资源、种植业生产、农业市场和农业管理等领域。

（二）农业大数据应用实践和发展展望

目前农产品产业面临着一些问题：一是农业种植规模和产品无法精准确定；二是市场价格波动的影响因素难以分析；三是农产品市场聚集程度不明晰；四是部分农产品价格变动浮动大，变化趋势难以预测。这些问题使得传统农产品在生产和售卖过程中经常遇到各种困难。通过大数据技术，可以有效地解决这些问题。

通过大数据技术对农业和气候数据的整合，以及利用物体的光谱特性对遥感图像进行分析处理，可以为种植业提供有效的指导，帮助农民确定种植规模。一方面，大数据系统可以进行数据采集，需要采集的信息包括高分辨率遥感影像、矢量数据、耕地数据、土地利用分类数据等；然后再对这些数据进行处理，处理的方法包括图像配准、大气校正、图像融合、图像裁剪等；在数据库的数据处理成功之后，大数据系统会对有用信息进行提取；最后通过精度对比以及统计制图等方式进行结果分析。种植规模提取技术流程如图 4–8 所示。

图 4–8　种植规模提取技术流程

目前来看，农业大数据的发展有以下几种趋势。

1. 精准的农业决策支持系统

传统的农业便利决策分析技术存在很多问题，利用大数据分析技术，可以采集农作物在整个生长过程中的各种数据，以及影响农作物生长状况的各类因素，从而更加全面且综合地考虑农作物经济、环境以及农业可持续发展等问题，弥补了传统的专家系统面对多结构、高密度数据时处理能力的不足，最终为农业生产者提供优质可靠的决策建议。

2. 种植业生产环境监测

种植业生产环境的监测与控制是一个复杂的系统，其构建的过程中离不开农业信息获取、数据发送和采集、在线通信、人工智能决策、专家系统、自动化等技术。随着各类传感器应用的不断普及，获得农业信息数据的方法也愈发便利，农作物生长过程中的温度、湿度、土壤状况、摄入营养、生态数据、根系成长情况等数据的获取十分便利，获取农产品信息的方式越来越多，数据也越来越精准，通过大数据技术的处理，可以实现对农产品的生产过程的可视化分析，从而帮助农产品从业者更加有效地对农作物进行管理。

第三篇　人工智能技术篇

第五章　人工智能技术与处理

作为当今世界最热门的计算机技术，人工智能的发展一直备受关注。随着相关科研人员和从业人员在人工智能的领域不断拓展，越来越多的人工智能应用出现在我们的日常生活中，为人们生活中的方方面面提供了便利。并且对人工智能技术和大数据技术的不断深入探索，也为人工智能技术的发展提供了更多的可能性。

第一节　语音、语义识别技术

一、语音识别

（一）语音识别的概念

语音识别即通过计算机技术识别语音的技术，“语音”可以理解为日常电话录音、微信语音等。“识别”指的是通过计算机技术将语音进行计算机识别，并用文字的形式呈现出来，从而将复杂、耗时的语音信息转化为直观、易读的文字信息，达到提高信息传输效率的作用。[①]

① 闵庆飞，刘志勇．人工智能：技术、商业与社会 [M]. 北京：机械工业出版社，2021: 75.

（二）语音识别的发展

对语音识别技术的研究早已有之，早在1952年，贝尔研究所[①]就研发出了世界上第一个语音识别试验系统，该系统能做到对十个英文字母发音的识别，迈出了语音识别技术的第一步。1960年，在英国诞生了世界上第一个计算机语音识别系统，该系统已经能对简单的单词做出识别。1986年，我国正式将语音识别技术作为智能计算机系统研究的一个重要环节，这标志着我国语音识别技术的发展进入了一个新阶段。经过多年的发展，直接语音识别技术相比过去已经有了突飞猛进的发展，其中比较典型的进展如下。①有限状态机（FSM）被广泛用于语音解码器的系统网络中；②语音识别训练模型被引入大数据深入学习系统；③语音识别系统的研发取得突破性进展；④人工神经网络的概念在语音识别技术组得到应用。

（三）语音识别的技术原理

语音（声音）是一种波，波被记录设备捕捉记录后会以压缩和非压缩两种形式存在，如常见的MP3、wav等格式。声音波形如图5-1所示。

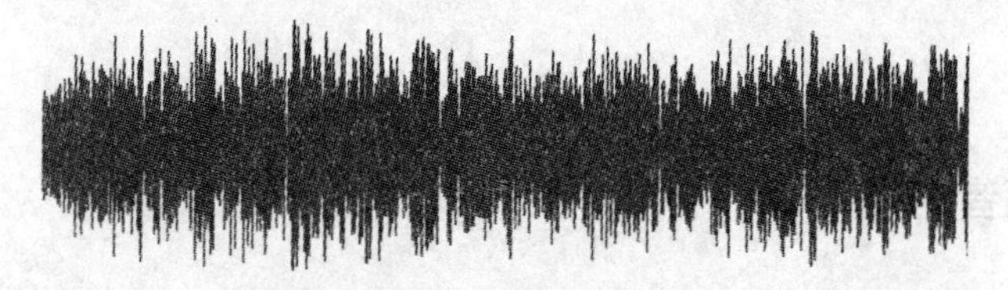

图5-1　声音波形

语音识别步骤可以分为以下四点：①为了减少干扰，提高识别的准确度，在语音识别步骤正式开始之前，需要对音频的起始部分和结束部分进行剪切；②在具体分析声音时，需要对音频数据进行分帧处理，使得处理后的音频每一帧相互交叠；③在上一步的基础上，将分出的每一帧都单独进行波形转换，使之转变成一个多维的向量；④利用数学矩阵的模型，将音频帧识别成量的状态，然后把这些状态整合成音素，最终把这些音素组合成一个单词。语音识别流程如图5-2所示。[②]

① 金良浚.研究开发管理[M].杭州：浙江教育出版社,1986：403.

② 韩志艳.语音识别及语音可视化技术研究[M].沈阳：东北大学出版社,2017:1-13.

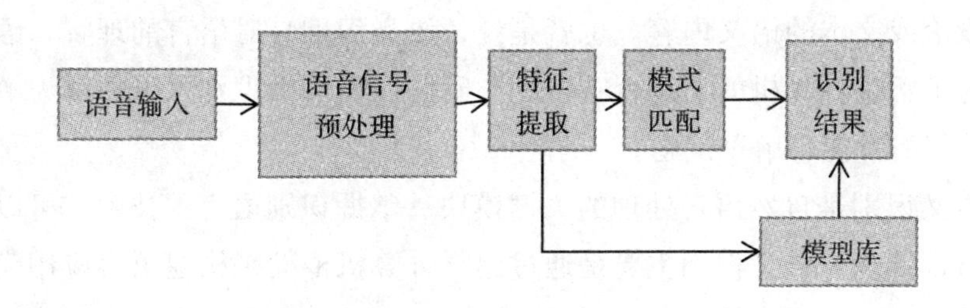

图 5-2　语音识别流程

（四）语音识别应用

1. Siri

Siri[①] 是苹果公司开发的一款智能手机应用，为 iPhone、iPad、iPod touch、HomePod 等产品提供语音助手服务，其全称是 Speech Interpretation & Recognition Interface，用户可以通过 Siri 完成一系列操作，如搜寻信息、询问天气预报、拨打电话、播放音乐等。

作为世界上先进的科技公司之一，由苹果公司开发出的 Siri 是语音识别技术的集大成者，用户可以通过语音输入，对手机发出一系列指令。

2. 微信

从 2019 年开始，腾讯公司就在微信中加入了语音识别的功能，用户们在相互发送语音消息沟通的时候，如果遇到不方便接听语音的情况，就可以使用该功能在线把语音消息转化为文字，从而不错过重要的消息。微信语音文字转换功能支持转换 60s 以内的短音频，同时支持部分方言、外语的识别，为用户的使用提供了极大的便利。

二、语义识别

（一）语义识别的概念

语义识别是人工智能技术的一个重要分支，主要是通过各种学习方法去

① 布莱恩·麦切特 .iPhone 简史 [M]. 吴奕俊，郭恩华，杨凯丽，译 . 成都：天地出版社，2019:238.

理解段落或文本的语义内容。也就是说，语义识别是对语言的理解。语音识别是为了解决计算机的“是否听得到”问题，而语义识别可以理解为解决计算机的“听并能理解”问题。

语义识别是自然语言处理的关键模块。掌握识别语言的技术，可以促进自然语言处理。语义识别主要是通过建立计算机框架来构建语言应用模型，然后设计各种实用系统。与此同时，语义识别系统在理解全文或段落语法的基础上，还要理解全文或段落的意义，以达到理解全文或段落意义的目的。[①]

（二）语义识别技术的发展背景

作为自然语言处理的两个核心技术，语音识别和语义识别技术结合得相当紧密，这两种技术离开任意一种都会影响其单独的运行使用。作为目前人工智能技术中最关键的两个分支，语音识别技术和语义识别技术的长足发展离不开技术的发展以及市场、政府的支持。

1.政策支持

得益于政府对人工智能技术的重视，在国家各种政策的推动下，人工智能技术在我国的发展颇为顺利，相关研究人员不仅能获得各项政策和政府拨款的支持，其所发展出的新技术也能获得市场的回报。[②]

2.技术发展

相关技术的不断发展也是语音识别技术能够不断获得发展的基石，随着计算机技术的不断发展，各类数据的获取、整合也愈发便利，除了计算机语言和代码方面的突破外，语音识别相关的软件和 app 也大量被开发出来，使得语音和语义识别变得越来越普及。

随着大数据、云计算技术的不断发展成熟，各行各业都累积了大量的数据，将这些数据进行合理的建模后可以构建出一个精确且复杂的模型，从而为语音、语义识别打下基础。大体上，语义识别技术可以分为三个层次。首先是应用层，这个层面主要包括各行业的业内应用以及智慧语音交互系统。

① 吕艳辉．数据库支持的模糊 OWL 本体管理 [M]. 北京：国防工业出版社 ,2011：82.

② 国务院．新一代人工智能发展规划 [EB/OL].(2017-7-8)[2023-3-14].http://gxt.hebei.gov.cn/main/policy/zxzcdetail?id=5905.

其次是NLP技术层，其中包含词语理解和数据抽取、句法理解和语篇解析以及自然语言生成等技术，最终实现让计算机在代码层面“理解”人类的各种语言。最后一层是底层数据库，其中包括各类词典、数据库、语料集、信息图谱等，这些要素是构成语义识别算法的基础。语义识别应用如表5–1所示。

表5–1　语义识别应用

<table>
<tr><td rowspan="2">应　用</td><td>行业应用</td><td>医疗金融</td><td>教育法律</td><td>文献翻译</td></tr>
<tr><td>智能交互</td><td>可穿戴设备语音问答</td><td>车载语音实时问答</td><td>机器人分类问答</td></tr>
<tr><td rowspan="2">NLP 技术</td><td>词法</td><td>分词</td><td>命名实体识别</td><td>词性标注</td></tr>
<tr><td>语法</td><td>语法解析</td><td>词形还原</td><td>语义角色标注</td></tr>
<tr><td rowspan="2">NLP 技术</td><td>句法</td><td>句法分析</td><td>文本分类</td><td>篇章分析</td></tr>
<tr><td>自然语言</td><td>文本规划</td><td>语句规划</td><td></td></tr>
<tr><td rowspan="2">底层数据</td><td>词典</td><td>知识库</td><td>统计数据</td><td></td></tr>
<tr><td>声韵学</td><td>音位学</td><td>形态学</td><td>语义学</td></tr>
<tr><td>学科支撑</td><td>计算机科学</td><td>心理学</td><td>逻辑学</td><td>哲学</td></tr>
</table>

第二节　计算机视觉识别技术

一、计算机视觉识别技术的定义

计算机视觉识别是研究如何让电子设备具备“看”的能力的学科，也就是指研究如何使得摄像头、摄像机等具有摄像能力的电子设备能够具有人眼所具有的对客观物体进行识别的能力，以及在识别成功后，对图形或者图像进行进一步处理，实现人眼所不能完成对图形进行“加工”的功能。计算机视觉识别也可以理解为是一门研究如何使智能设备从图形或图像的多维数据中进行“感知”的学科。①

计算机视觉在模拟人类视觉的过程中，可以继承人类视觉的优越分析能力，并在此基础上利用计算机技术弥补人类视觉上的不足。

融合了人类视觉优势的计算机视觉有以下优越之处：①能够快速识别人、物体和场景；②估计三维空间和距离；③避开障碍物；④想象和讲故事；⑤理解和解释图片。

可以弥补的人类视觉的不足之处：①关注重要内容，容易忽视许多细节，精细感知能力差；②描述事物具有主观性和模糊性；③在同一时间内完成相同的任务时，前后不一致。

计算机视觉识别是以图像和视频为输入，研究图像信息组织、物体和场景识别，旨在表达和理解环境的一门学科。近年来，计算机视觉识别正处在图像信息组织与识别的阶段。计算机视觉识别最初主要应用于军事领域，后来随着技术的成熟，逐步被引入其他领域，计算机视觉识别已经成为人工智能领域的重要分支之一。计算机视觉识别的含义如下：①在人体的感知器官中，视觉接收的信息量最多，约为 80%，因此，给予机器人类视觉功能是智能机器发展的关键；②计算机视觉识别研究是利用计算机模拟生物的显式或宏观的视觉功能的一门技术学科；③计算机视觉识别的任务是根据图像创建或恢复真实世界的模型，然后识别真实世界。计算机视觉识别如图 5-3 所示。

---

① 闵庆飞，刘志勇．人工智能：技术、商业与社会 [M]．北京：机械工业出版社，2021：94–95.

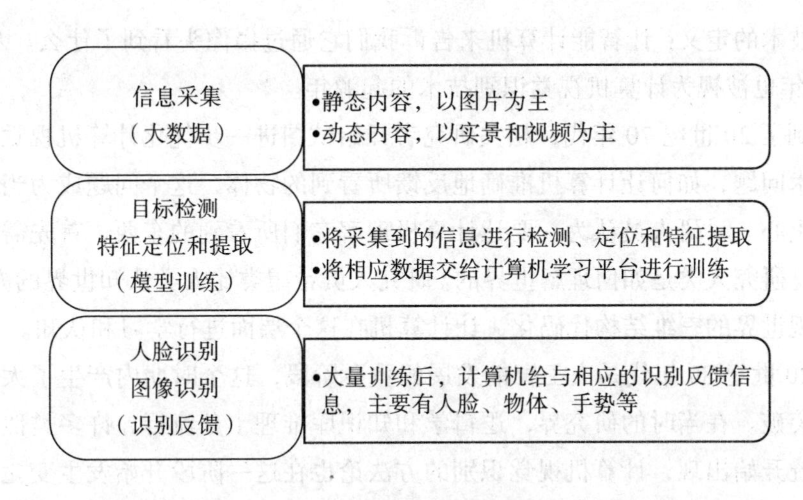

图 5–3 计算机视觉识别

二、计算机视觉识别技术的发展历程

进入 21 世纪以来，整个计算机视觉识别技术领域发生了翻天覆地的变革，这其中的主要推动力来自人工智能发展所带来的核心技术：深度学习。深度学习的到来彻底改变了之前人们对计算机视觉识别概念的定义。在过去，相关从业人员只知道如何通过一些简单算法去处理图像，而如今他们已经能够很好地理解和解释这些算法，并且能将其应用到更多领域当中，这就是我们所说的人工智能时代。那么这种变化是如何产生的？它将对当前的计算机视觉识别技术产生什么样的影响？要深入地理解这个问题，需要追溯计算机视觉识别的发展史。

计算机视觉识别技术的历史最早可追溯到 1966 年，当时一位人工智能学家马文·明斯基[①]实现了历史性的突破，成为世界上第一个将电脑技术运用到实际中去进行研究的科学家。在那年的夏天，马文·明斯基给他的学生们布置了一项有趣的暑假作业，作业内容是让学生在电脑上安装一个摄像头，然后想办法设计出一个程序，让计算机告诉使用者摄像头看到了什么。这是一个充满挑战性且前卫的问题，这个作业题目其实无意中概括了计算机视觉

① 宋立志. 名校精英：普林斯顿大学、麻省理工大学 [M]. 北京：京华出版社，2010：78.

识别技术的定义：让智能计算机来告诉我们它通过摄像头看到了什么。因此，1966年也被视为计算机视觉识别技术的起源年。[①]

到了20世纪70年代，相关研究者开始试图进一步优化计算机视觉识别的技术问题，如何让计算机准确地反馈所看到的物体，这个问题成为当时研究的重心。科研人员认为，要让计算机理解它们所看到的东西，首先需要做的就是研究人类是如何理解世界的。研究人员希望类比人类认知世界的方式，把客观世界的三维结构代码化，让计算机在这个层面进行学习和认知。

20世纪80年代是人工智能发展的重要阶段，这个时期内产生了大量的技术突破。在当时的研究界，逻辑学和知识库推理十分流行，许多类似的专家系统开始出现，计算机视觉识别的方法论也在这一阶段开始发生变化。在这一阶段，研究人员发现，计算机要理解图像并不需要恢复物体的三维结构。举例来说，如果想让计算机成功地识别苹果，假设计算机事先知道苹果的形状或其他特征，并创建了这样一个先验知识库，计算机就可以将该先验知识与看到的对象相匹配，一旦匹配成功，一次成功的视觉识别就算完成了。但是，如果要把这种模型应用到现实世界中去的话，就会面临许多困难。因为它不能直接从图像上获得关于物体的信息，而是需要通过某种算法来处理这些数据。因此，研究人员在20世纪80年代提出了许多方法尝试解决这个问题，如使用几何和代数方法进行建模，将人类已知的一些物体转化为先验表征，然后将它们与计算机所看到的物体图像相匹配。

到了20世纪90年代，人工智能领域又实现了一个比较大的突破，即统计方法在计算机技术中的应用。在这一阶段，研究人员发现了一种统计手段来描述物体的一些最基本的局部特征。例如，计算机可以通过卡车的形状、颜色和纹理来识别它，而不必像之前一样对整个卡车进行建模和数据记录。这种技术的优势是十分明显的，由于计算机学习和识别的是局部特征，那么即使摄像机视角或灯光发生变化，计算机的识别也是十分稳定的。局部特征检索的理念和发展为许多其后应用的出现起了推动作用。这些研究也为之后的智能分析技术提供了基础。比如，图像搜索技术在具体应用时，在捕捉

① 闵庆飞，刘志勇．人工智能：技术、商业与社会[M]．北京：机械工业出版社，2021: 95–97.

要检测的事物局部特征后，可以建立一个项目的局部特征索引，智能视觉识别系统就可以通过局部特征找到相似的项目。

到了 2000 年前后，机器学习这一概念开始受到学界的重视。在过去机器智能识别需要通过一些规则、知识或统计模型来识别图像所代表的内容，但是机器学习的理念则完全不同于以往。机器学习指的是从大量的数据库中自动整合某一个对象的特性，然后识别它。在这一点上，计算机视觉识别领域有几项典型的例子，以人脸识别技术为例，要想让计算机成功识别人脸，第一步是从图片中提取要识别的人脸区域，在这一步中，计算机主要执行两个步骤：一是确定人脸的位置，二是判断该人是否为合法身份。在整个识别过程中，我们通常使用的技术就是特征提取。特征提取包括眼睛、嘴巴等部位。就像当你拍照的时候，你会看到相机上有一个小方框在闪烁，这其实是人脸识别的第一步，也就是人脸框的检测。在过去，这是一项非常困难的工作，但是到了 2000 年左右，一种十分有效的算法出现了，它能够基于机器学习迅速地检测出人脸，为现代计算机视觉识别技术奠定了基础。

当然，机器学习技术的出现其实是有一个必要的先提条件的，也就是在 2000 年前后整个互联网出现的飞速发展，在这个过程中互联网产生了海量的数据，这些数据集为机器的学习打下了基础。在此期间，出现了大量官方的、特定领域的数据集。而对这些数据进行进一步分析后发现，这其中很多数据十分有价值。例如，在这几年的发展过程中，人脸识别已经成为计算机视觉识别的一个重要研究方向，如同上文提到过的人脸检测一样，其中最典型的是一个名为 FDDB 的数据集，该数据集包含五千多套关于不同人脸的数据，其中每张人脸都被代码化，机器可以通过使用一些机器学习技术，从中学习如何准确地检测人脸。

在这一期间还出现了其他具有高度影响力的数据集，其中比较著名的是 IMAGEMET。这项计划由李飞飞教授发起，她搜集、标注了大约 1 400 万张图片，并将这些图片分为约两万个类别。这些类别涵盖从动物 (可分为鸟类和鱼类) 到植物 (可分为树木和花卉) 的一切事物，甚至还有一些我们不知道具体形状和颜色的物体也都包含在内。最后，她把所有的结果汇集到一起，形成了这个数据库。

到了 2010 年，互联网技术迎来了飞速发展的时代，这是一个深度学习的时代。深度学习从根本上对人工智能技术进行深度革新。计算机可以在大数据技术的支撑下，对各类图像的识别进行深度学习，从而大大加强其视觉识别能力。如今，智能识别已被应用到社会上的各个领域，为人们的生活和政府行政管理提供了极大的便利。计算机视觉识别的应用领域如图 5-4 所示。

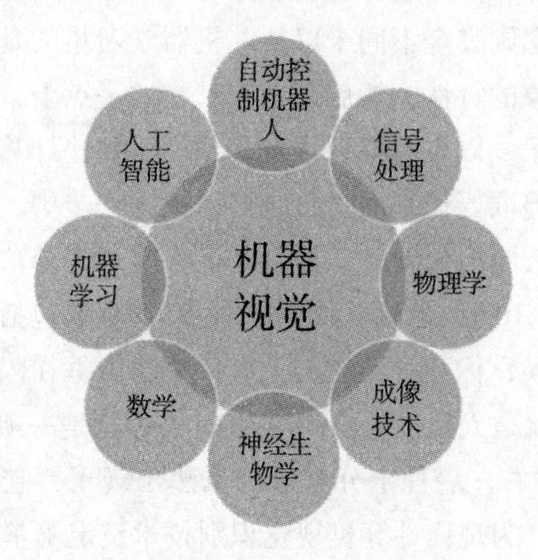

图 5-4　计算机视觉识别的应用领域

三、计算机视觉识别技术的发展现状和趋势

计算机的出现改变了旧有的工作环境，据统计，现在大约 75% 的工作是在计算机上完成的。随着计算机技术的飞速发展，计算机已广泛运用于各个领域，如商业、军事、通信、交通等。其中，计算机视觉识别技术是人工智能应用的一个重要分支，它以视觉识别技术为核心，涉及计算机图形、机器人、图像处理等多个领域。

视觉理解是计算机视觉处理的重要组成部分。如今，能够进行视觉理解和即时反馈状况的机器已经可以做到代替人类完成自动装配、焊接和自动导航等任务。视觉理解使得机器具有处理视觉识别信息的能力，用机器代替人类服务的愿望在特定的环境和任务中成为现实，已被广泛应用于机器人、天文、地理学、医学、物理等领域。

目前，计算机视觉识别的应用集中在几个较为细化的方向，其中包括面部识别、指纹识别、文字识别等，并且面部识别是目前应用最广泛的智能视觉识别应用，但这些识别能力都只是单向的，并不能拓展到更多其他的领域。因此，对计算机视觉图进行分析研究具有重要的意义。

与人类视觉相比，计算机视觉识别技术仍处于相对较低的水平，计算机视觉识别的许多方面还没有达到实际应用的要求，但随着研究的深入，计算机视觉识别将成为未来十分有前景的领域，未来的计算机视觉识别技术将在许多领域起到不可替代的作用。

第三节　人工智能芯片技术

一、人工智能芯片的概念

从广义上来说，只要是能够成功运行人工算法的芯片就可以被称为人工智能芯片（AI 芯片），但是通常来说，人工智能芯片也可以定义为对人工智能算法做了持续加速设计的芯片。目前，人工智能芯片的开发一般以深度学习为主。

人工智能芯片按技术架构分类可以分为 GPU、FPGA、ASIC、神经拟态芯片，其中 GPU 又叫作图形处理单元，是一种基于 CPU 调用基础上才能运作的处理单元，其计算能力强，且功耗较高。FPGA 全称为现场可编程逻辑门阵列，其在芯片内集成的海量基础门电路和存储器，使用者可以按照自己的意愿对 FPGA 进行更新。ASIC 是一种专用集成电路，也被称为全定制化芯片，其可以根据用户的要求进行定制。① 神经拟态芯片是一类模拟生物神经网络计算机制的芯片，其研究工作可以分为神经网络与神经突触两个层面。

人工智能芯片根据功能分类，其学习算法步骤可分为训练和推断两个环节；根据应用场景分类，人工智能芯片可分为服务器端和移动终端两大类。其发展历史如图 5–5 所示。

① 上海海事大学，中国物流与采购联合会．中国物流科技发展报告 [M]. 上海浦江教育出版社，2018:88.

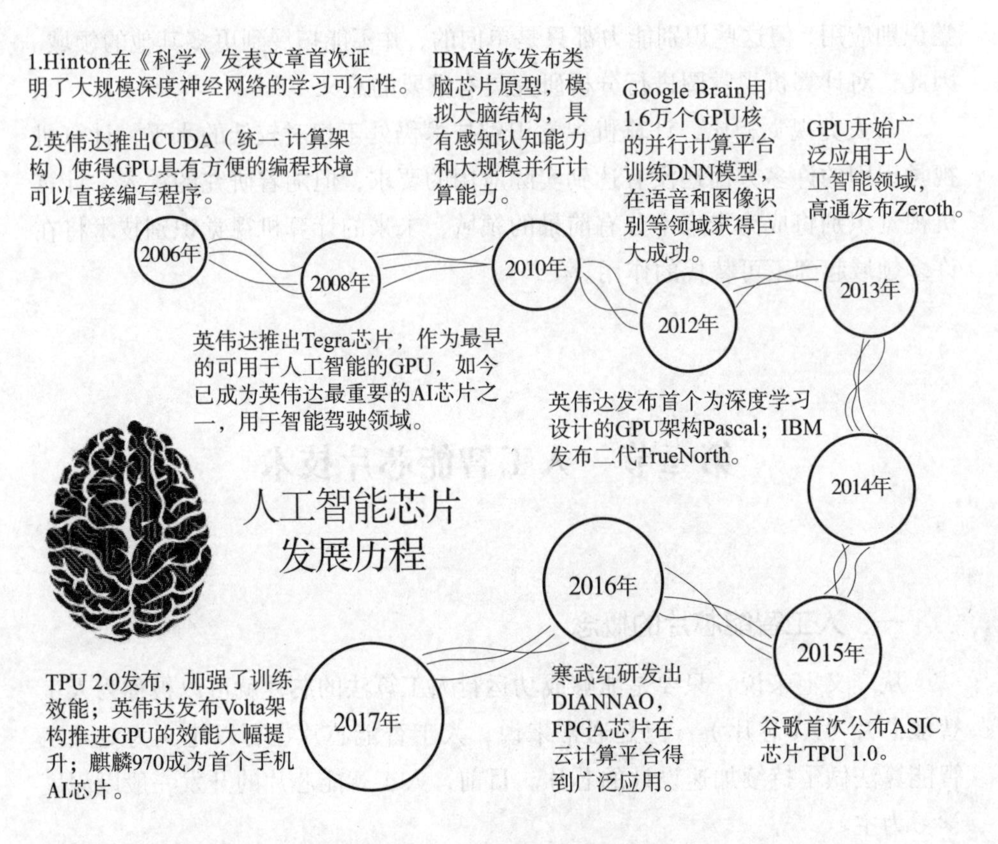

图 5–5　人工智能芯片发展历史

二、人工智能芯片的发展现状和趋势

（一）国外人工智能芯片发展现状

如今，世界主要的科技大国都参与了对人工智能芯片技术领先地位的角逐，其中，NVIDIA 公司的智能芯片技术一直走在前列，其产品在市面上占据着几乎不可撼动的领先地位。作为人工智能公司的龙头老大，NVIDIA 公司曾是一个名不见经传的做显卡的小公司，当时 NVIDIA 公司的主要业务是为游戏行业提供高质量的显卡，也就是 GPU，那时的 NVIDIA 公司只是整个芯片行业的一个小角色。但随着人工智能技术的发展，GPU 的强大矩阵计算能力开始成为其巨大的优势，为 NVIDIA 公司在人工智能领域攻城拔寨提供了巨大的助力，并最终成就了NVIDIA公司如今在人工智能行业的霸主地位。

出于人工智能技术蕴含的巨大前景以及经济效益，一些互联网龙头，如谷歌公司也开始倾斜资源抢占人工智能芯片的市场，可以想见的是，人工智能芯片的市场将开启持续、快速、稳定的发展。

（二）国内人工智能芯片发展现状

目前，我国相关科技公司对人工智能芯片的布局还处于初级阶段，根据相关调查报告显示，截至2020年底，国内的相关科技公司大部分是在人工智能技术的技术层和应用层进行布局，而人工智能基础层产业占比较低，仅占2.3%。

从国内的各大公司对人工智能领域的布局来看，目前大数据和云计算仍然占据主要地位，对于芯片基础层的开发、投入和效果都谈不上有多大突破，这使得我国在全球性的人工智能技术竞争上处于明显的劣势。举例来说，华为作为我国顶尖的科技公司之一，其2020年发布的旗舰机华为Mate40生产所需的麒麟9000芯片便被“卡了脖子”。一般来说，智能芯片的生产一般需要四个环节：芯片设计、芯片制造、芯片封装、芯片测试。而以目前我国自身的科技水平只能完成芯片设计、芯片封装和芯片测试三个步骤，受限于芯片制造流程中设备和技术的不完善，我国大部分芯片制造企业仍十分被动。①

（三）人工智能芯片发展趋势

整体来说，短期内GPU技术仍会保持其在人工智能产业链的主导地位，作为目前市场上矩阵计算最为成熟、性价比最高的通用芯片，以及在数据中心和算力的重要地位，GPU技术在很长的一段时间内都不会被取代，并且会以主导地位带领智能芯片拓宽市场。

与GPU不同的是，FPGA由于具备可编程性，使得其可以更高效地应用到各类人工智能市场，表现出相当高的实用性。并且可预见的是，随着相

① 尹首一，郭珩，魏少军．人工智能芯片发展的现状及趋势[J]．科技导报，2018，36(17)：45–51.

关科技产业在芯片领域不断倾斜资源，FPGA 的应用空间将会越来越大，其作为目前最好的过渡芯片受到各大科技公司的青睐。

FPGA 虽然同时具有计算力强、灵活度高两项优点，但其研发技术难度较大，导致本就与国外芯片技术有差距的我国在 FPGA 芯片的竞争中差距尤为明显。目前，FPGA 的市场基本被 Xilinx、Altera、Lattice、Microsemi 四家公司牢牢把控。其中，仅 Xilinx 和 Altera 两家公司 FPGA 的市场份额占比加起来就高达 87%，这对国内有意图进军 FPGA 的公司提出了很大的挑战。

三、人工智能芯片性能

（一）三种人工智能芯片

从技术架构来看，人工智能芯片主要分为图形处理器（GPU）、现场可编程逻辑门阵列（FPGA）、专用集成电路（ASIC）、类脑芯片四大类。其中，GPU 是较为成熟的通用型人工智能芯片，FPGA 和 ASIC 则是针对人工智能需求特征的半定制和全定制芯片，类脑芯片颠覆了传统的冯·诺伊曼架构，是一种模拟人脑神经元结构的芯片，目前其发展尚处于起步阶段。这三种技术架构人工智能芯片的类型比较如表 5-2 所示。

表 5-2　三种技术架构人工智能芯片类型比较

人工智能芯片类型	GPU	FPGA（半定制化）	ASIC（全定制化）
定制化程度	通用	半定制化	定制化
灵活度	较好	较高	较差
成　本	高	较高	低
编程语言	CUDA、OpenCL 等	Verilog/VHDL 等硬件描述语言，OpenCL、HLS	—
主要优点	Verilog/VHDL 等硬件描述语言，OpenCL、HLS	平均性能较高、功耗较低、灵活性强	平均性能很强、功耗很低、体积小
主要缺点	效率不高、不可编辑、功耗高	量产单价高、峰值计算能力较低、编程语言难度大	前期投入成本高、不可编辑、研发成本长、技术风险大

续 表

人工智能芯片类型	GPU	FPGA（半定制化）	ASIC（全定制化）
主要应用场景	云端训练、云端推断	云端推断、终端推断	云端训练、云端推断、终端推断
功　耗	大	较大	小
代表性的企业芯片	英伟达 Tesla、高通 Adreno 等	赛灵思 Versal、英特尔 Arria、百度 XPU 等	谷歌 TPU、寒武纪 Cambricon

（二）GPU 与 CPU 的对比

在发展之初，GPU 主要应用于计算机图像的使用，由于 GPU 较为适合并行运算和大量计算，后又被应用于人工智能领域。GPU 又称显示核心、显卡、视觉处理器、显示芯片或绘图芯片，是一种专门在个人电脑、工作站、游戏机和一些移动设备（如平板电脑、智能手机等）上进行绘图运算工作的微处理器。GPU 使显卡减少对 CPU 的依赖，并分担部分原本由 CPU 所承担的工作，尤其是在进行三维绘图运算时，其功效更加明显。GPU 所采用的核心技术有硬件坐标转换与光源，立体环境材质贴图，顶点混合、纹理压缩和凹凸映射贴图，双重纹理四像素 256 位渲染引擎等。作为一种特殊类型的处理器，GPU 具有数百或数千个内核，经过优化可并行运行大量计算程序。虽然 GPU 在游戏中以 3D 渲染而闻名，但它们对运行分析、深度学习和机器学习算法的作用更是不能小觑。

CPU（中央处理器）和 GPU 相比，由于设计目标不同，它们分别针对两种不同的应用场景。CPU 需要很强的通用性来处理各种不同的数据类型，同时进行逻辑判断又会引入大量的分支跳转和中断的处理。这些都使 CPU 的内部结构异常复杂。而 GPU 面对的是类型高度统一的、相互无依赖的大规模数据和不需要被打断的纯净的计算环境。

对于 CPU 与 GPU 计算能力的区别可以用一个例子帮助理解。我们可以把 CPU 的计算能力看成一名数学专业的资深老教授，这位老教授既擅长简单的小学计算题，也能解出复杂的奥数题，但由于只有一个人，所以在面对大量的计算题时便显得有些忙不过来。而 GPU 的计算能力可以理解为有 10 000

名小学生，虽然这 10 000 名小学生无法解答大学的数学题，但面对普通的小学计算题，这 10 000 名小学生可以同时计算 10 000 道小学数学题，效率极高。这个例子就很好地反映出 CPU 和 GPU 最大的区别，当面对较多的运算单元时，GPU 能够表现出远高于 CPU 的数据处理能力。

从适应的场景来看，CPU 适合处理前后计算步骤逻辑联系紧密的场景，如军事武器控制、个人主机使用等。而 GPU 的计算场景前后并没有依赖性，其计算处理过程较为灵活多样，适合处理相互独立的计算场景，如破解密码以及破解一些图形学的问题。CPU 与 GPU 的区别如表 5-3 所示。

表 5-3　CPU 与 GPU 的区别

硬件种类	CPU	GPU
定义与组成	CPU 由数百万个晶体管组成，可以有多个处理内核，通常被称为计算机的大脑。它是所有现代计算系统必不可少的组成部分，由它执行计算机和操作系统所需的命令和流程	GPU 是由许多更小、更专业的内核组成的处理器。在多个内核之间划分并执行一项处理任务时，通过协同工作，这些内核可以提供强大的性能
微构架	CPU 的功能模块多，擅长分支预测等复杂的运算环境，大部分晶体管用在控制电路和 Cache 上，少部分晶体管用来完成运算工作	GPU 的控制相对简单，且不需要很大的 Cache，大部分晶体管可被用于各类专用电路和流水线，GPU 的计算速度因此大增，拥有强大的浮点运算能力
适用领域	CPU 适用于一系列广泛的工作负载，尤其是那些对于延迟和单位内核性能要求较高的工作负载。作为强大的执行引擎，CPU 将它数量相对较少的内核集中用于处理单个任务，并快速将其完成。这使它尤其适合用于处理从串行计算到数据库运行等类型的工作	GPU 最初是作为专门用于加速特定 3D 渲染任务的 ASIC 开发而成的。随着时间的推移，这些功能固定的引擎变得更加可编程化、更加灵活。尽管图形处理和当下视觉效果越来越真实的顶级游戏仍是 GPU 的主要功能，但同时，一些开发人员开始利用 GPU 的功能来处理高性能计算（HPC）、深度学习等领域中的其他工作负载

（三）FPGA 简介

FPGA 是一种同时具备高性能和低能耗的可编程芯片，其可以根据用户的个性化需要来进行针对性的改动，在人工智能深度学习领域有重要的应用。FPGA 与 GPU 性能的差异如表 5-4 所示。

表 5-4　FPGA 与 GPU 性能的差异

对比方向	灵活性	计算速度	生命周期	价格	吞吐量	峰值性能
FPGA	FPGA 可以根据应用的需要随时进行硬件编程更改功能，灵活性较高	FPGA 每个逻辑单元在编程时就已被设计好，不需要执行命令，计算速度较快	FPGA 生命周期取决于相关算法的更新速度	FPGA 生产周期长，制造工艺复杂，价格较高	FPGA 可以直接与光纤相连，从而以很高的效率处理数据包，吞吐量较大	FPGA 在设计上天生受到很大的限制，一旦 FPGA 的型号被确定，其逻辑资源的上限也就被确定了，故 FPGA 的峰值性能较低
GPU	GPU 一旦完成设计后便无法进行改动，灵活性较差	GPU 运行需要指令存储器、译码器、各种指令的运算器等，计算速度较慢	GPU 版本更新换代频繁且兼容性不佳，生命周期较短	GPU 生产工艺简单，原材料成本低，价格较低	GPU 本身没有网络接口，连接互联网需要装备网卡，处理数据包的能力受网卡质量的限制	GPU 在运行时有数以万计的处理核心在同时运行，故 GPU 的峰值性能较高

（四）ASIC 简介

ASIC 是一种为了某种特定需求定制出的芯片，一般分为全定制和半定制两种。其中，全定制芯片在实际使用过程中灵活性好、运行速度比半定制的 ASIC 芯片速度快，但是由于开发过程中需要的人力以及物力资源较多，导致全定制芯片的生产效率较低。[①] 与其他类型的人工智能芯片相比，ASIC 芯片具备品类丰富、设计以及生产周期短、体积小、质量轻、功耗低、私密性强、成本低等特点，但是其可定制的性质，导致 ASIC 芯片前期需要巨大的研发资金投入，市场风险较大。

ASIC 在算法和工艺层面上与其他人工智能芯片的对比如表 5-5 所示。

① 李剑．计算机网络安全 [M]. 北京：机械工业出版社，2019:147-148.

表 5-5　ASIC 与 CPU、GPU 以及 FPGA 对比

芯片	架构区别	工艺	单精度浮点峰值运算能力	功耗	能耗比
CPU	大部分晶体管用来构建 Cache 以及一部分控制单元，CPU 计算单元少，对复杂逻辑的运算较为擅长	22nm	1.33 TFLOPS	145W	9 GFLOPS/W
GPU	大部分晶体管用以构建基础的计算单元，运算的复杂度较低，适合进行大规模的计算	28nm	8.74 TFLOPS	300W	29 GFLOPS/W
FPGA	可以对逻辑进行编程，计算效率较高，通过多余的晶体管和连线实现对逻辑的编程	28nm	1.80 TFLOPS	30W	60 GFLOPS/W
ASIC	晶体管构建根据算法定制，不会有多余的晶体管闲置，功耗较低，计算性能和效率较高	65nm	452 GFLOPS	485W	932 GFLOPS/W

注：1GFLOPS 等于每秒 10 亿（10^9）次的浮点运算；1TFLOPS 等于每秒 1 万亿（10^{12}）次的浮点运算。

四、人工智能芯片产业的生态

（一）国内新兴的人工智能芯片科技公司简介

1. 壁仞科技：推出云端人工智能芯片

壁仞科技创立于 2019 年，是一家以从事科技推广和应用服务业为主的企业。壁仞科技公司在 GPU 和 DSA（专用加速器）等领域具备丰富的技术储备，聚焦于云端通用智能计算，逐步在人工智能训练和推理、图形渲染、高性能通用计算等多个领域赶超现有解决方案，实现了国产高端通用智能计算芯片的突破。①

① 股震子．股市掘金人工智能板块股票投资指南 [M]. 北京：中国宇航出版有限责任公司，2022:47-48.

2. 燧原科技：推出目前中国最大的人工智能计算芯片

燧原科技成立于2018年3月19日，成立至今连续获得过5轮融资，累计融资额近32亿元人民币。其最新一笔融资为2022年1月完成的18亿元C轮融资，由中信产业基金、中金资本旗下基金、春华资本领投。燧原科技推出的邃思2.0是目前中国最大的人工智能计算芯片，采用日月光2.5D封装的极限，在国内率先支持TF32精度，单精度张量TF32算力可达160TFLOPS。同时，邃思2.0也是首个支持最先进内存HBM2E的产品。公司主要服务为面向消费电子、汽车电子、计算机及周边、工业、数据处理、物联网等广泛应用市场所提供的一站式芯片定制服务和半导体IP授权服务。[①]

3. 黑芝麻智能：智能驾驶系统解决方案

黑芝麻智能科技是一家专注于视觉感知技术与自主IP芯片开发的企业。公司主攻领域为嵌入式图像和计算机视觉识别，提供基于光控技术、图像处理、图像计算以及人工智能的嵌入式视觉感知芯片计算平台，为ADAS（高级驾驶辅助系统）及自动驾驶提供完整的商业落地方案。基于华山二号A1000芯片，黑芝麻智能提供了四种智能驾驶解决方案。单颗A1000L芯片适用于ADAS辅助驾驶；单颗A1000芯片适用于L2+自动驾驶；双A1000芯片互联可达140TOPS[TOPS，全称为tera operations per second，是处理器预算能力单位，1TOPS代表处理器每秒钟可进行1万亿次（10^{12}）操作]算力，支持L3等级自动驾驶；四颗A1000芯片则可以支持L4甚至以上的自动驾驶需求。另外，黑芝麻智能还可以根据不同的客户需求，提供定制化服务。黑芝麻智能首款芯片与上汽的合作已实现量产，第二款芯片A1000正在量产过程中。黑芝麻智能已与一汽、蔚来、上汽、比亚迪、博世、滴滴、中科创达、亚太机电等企业在L2、L3级自动驾驶感知系统解决方案上均有合作。黑芝麻智能科技最新的华山二号（A1000）芯片具备40～70TOPS的强大算力、小于8W的功耗及优越的算力利用率，工艺制程16nm，符合AECQ-100、单芯片ASILB、系统ASILD汽车功能安全要求，是目前能支持L3及以上级别自动驾驶的唯一国产芯片。为了应对不同的市场需求，黑芝麻智能同步发布了华山二号A1000L。

---

① 股震子．股市掘金人工智能板块股票投资指南[M]．北京：中国宇航出版有限责任公司，2022:47-48.

4. 沐曦集成电路：多场景高性能 GPU

沐曦集成电路专注于设计具有完全自主知识产权、针对异构计算等各类应用的高性能通用 GPU 芯片，致力于打造国内最强商用 GPU 芯片，其产品主要应用方向包含传统 GPU 及移动应用，人工智能、云计算、数据中心等高性能异构计算领域，是今后面向社会各个方面通用信息产业提升算力水平的重要基础产品。该公司拟采用业界最先进的 5nm 工艺技术，专注研发全兼容 CUDA 及 ROCm 生态的国产高性能 GPU 芯片，满足 HPC（高性能计算）、数据中心及人工智能等方面的计算需求，致力于研发生产拥有自主知识产权的、安全可靠的高性能 GPU 芯片，服务数据中心、云游戏、人工智能等需要高算力的诸多重要领域。

（二）国内 GPU 最新进展

国内主要芯片公司 GPU 的进展如表 5-7 所示。

表 5-7　国内主要芯片公司 GPU 进展

公司名称	时间	推出产品	产品描述	融资情况
壁仞科技	2021.10	首款通用 GPU 芯片 BR100 正式交付台积电生产	可广泛应用于智慧城市、公有云、大数据分析、自动驾驶、医疗健康、生命科学、云游戏等领域	成立两年，累计融资 50 亿元
天数智芯	2021.10	云端 7nmGPU 产品卡“天垓 100”已正式进入量产环节	应用于数据中心、服务器等领域	2021 年 3 月获 C 轮 12 亿元融资
景嘉微	2021.11.16	JM9 系列已经完成流片、封装、初步测试工作	应用于地理信息系统、媒体处理、CAD 辅助设计、游戏、虚拟化等具有高性能显示需求和人工智能计算需求的场景	—
登临科技	2021. 11	Goldwasser 系列产品商业化落地。2020 年 6 月 Goldwasser 系列产品在台积电 12nm 工艺上 Full Mask 流片成功	互联网、智慧安防等应用	2021 年 1 月获得新一轮融资

续　表

公司名称	时间	推出产品	产品描述	融资情况
芯动科技	2021.11.17	首款国产高性能服务器级GPU“风华1号”测试成功	搭载全球顶尖的GDDR6X和chiplet技术，应用于5G数据中心、云游戏、元宇宙等领域	—
摩尔线程	2021.11.25	首款国产全功能GPU	内置自主研发的3D图形计算核芯、人工智能训练与推理计算核芯、高性能并行计算核芯、超高清视频编解码计算等核芯	一年内完成三轮融资，累计超30亿元

第四节　机器学习技术

一、机器学习的概念与历史

（一）机器学习的概念

机器学习技术的概念很早就被提出并通过科幻小说和科幻电影被大众所熟知。[①] 随着科学技术的不断进步以及社会经济的飞速发展，人们对知识信息获取和处理能力提出了更高的要求，这使得机器学习这一新兴的学科逐渐兴起并得到迅速发展。在机器学习技术发展的历史长河中，许多杰出的学者为机器学习发展做出了巨大贡献。

从1642年法国数学家布莱士·帕斯卡[②]（Blaise Pascal）发明了手摇式

① 金融科技理论与应用研究小组．金融科技知识图谱[M]．北京：中信出版集团，2021：33.

② 宁正新．多姿物理[M]．北京：北京联合出版公司，2012:184.

计算机，到1949年加拿大心理学家唐纳德·赫布[①]（Donald Hebb）发布学习过程中大脑神经元变化的赫布理论，机器学习思想已经开始萌芽。然而，直到20世纪90年代中期，伴随着人工智能技术和计算机科学进一步结合发展，机器学习这一概念才逐渐开始成为一个新的研究热点。目前，国内外学者对机器学习还没有统一的定义，学界一般将其看作一种方法或手段。从机器学习发展史来看，最早在1950年的一篇关于图灵测试的文章中就已经提到了机器学习这一概念。到了1952年，IBM的亚瑟·塞缪尔[②]（Arthur Samuel，被誉为“机器学习之父”）设计了一款可以学习的西洋跳棋程序。他和这个程序进行多场对弈后发现，随着时间的推移，程序的棋艺变得越来越好，他用这个程序推翻了以往“机器无法超越人类，不能像人一样写代码和学习”这一传统认识，并在1956年正式提出了“机器学习”这一概念。

对机器学习的认识可以从多个方面进行，有“全球机器学习教父”之称的汤姆·米切尔（Tom Mitchell）则将机器学习定义为对于某类任务T和性能度量P，如果计算机程序在T上以P衡量的性能随着经验E而自我完善，就称这个计算机程序从经验E学习。[③]

机器学习的处理系统和算法通过找出隐藏在数据中的模式并进行预测，被广泛认为是人工智能的一个重要分支。

（二）机器学习的发展历史

20世纪50年代初，数学专业的学者们发现并改进了统计方法，并尝试使用简单的算法进行机械学习，这一开创性的尝试在整个机器学习发展史占有重要的位置。1973年，在全世界人们都对人工智能技术满怀期望时，英国著名数学家拉特希尔发布了一份针对人工智能技术的研究报告，报告中指出在当时技术水平下，人工智能那些宏大的愿景根本实现不了，相关的研究更是死路一条。拉特希尔[④]的这份报告在科研界以及民间引起了轩然大波，

---

① 佐佐木典士．如何养成好习惯[M]. 金磊，译．北京：中国友谊出版公司，2019:263.

② 拉库马·布亚（Rajkumar Buyya），萨蒂什·纳拉亚纳·斯里拉马（Satish Narayana Srirama）．雾计算与边缘计算：原理及范式[M]. 北京：机械工业出版社，2020:159.

③ 郭羽含，陈虹，肖成龙．面向新工科普通高等教育系列教材 Python机器学习[M]. 北京：机械工业出版社，2021：147.

④ 贾立芳．数学家的故事[M]. 北京：文化发展出版社，2019:193-196.

人们纷纷开始重新审视人工智能技术的实际价值，受到舆论影响，各国政府和机构也纷纷停止了对人工智能技术的资金投入，人工智能技术在 20 世纪 70 年代进入“人工智能寒冬”。

直到20世纪80年代，相关研究人员才开始发现和使用“反向传播”算法，并由多伦多大学的教授杰弗里·辛顿①（Geoffrey Hinton）等人进一步开发和推广，这给人工智能技术注入了一针强心剂，推动了机器学习研究的复兴。

20 世纪 90 年代，机器学习开始从知识驱动型向数据驱动型转变，研究人员开始为计算机编程，以分析大量数据并从中得出结论。随着支撑向量机和递归神经网络的普及，神经网络和超图灵计算也得到了发展。在过去的几十年里，研究者们将人工神经网络和超图灵计算结合起来使用。21 世纪初，支持向量聚类、核方法（kernel method）和无监督机器学习方法得到了广泛的应用。2010 年以来，基于机器学习的深度学习方法和技术不断完善，机器学习技术在各类软件服务及应用程序中得到广泛应用。机器学习发展史如图 5–6 所示。

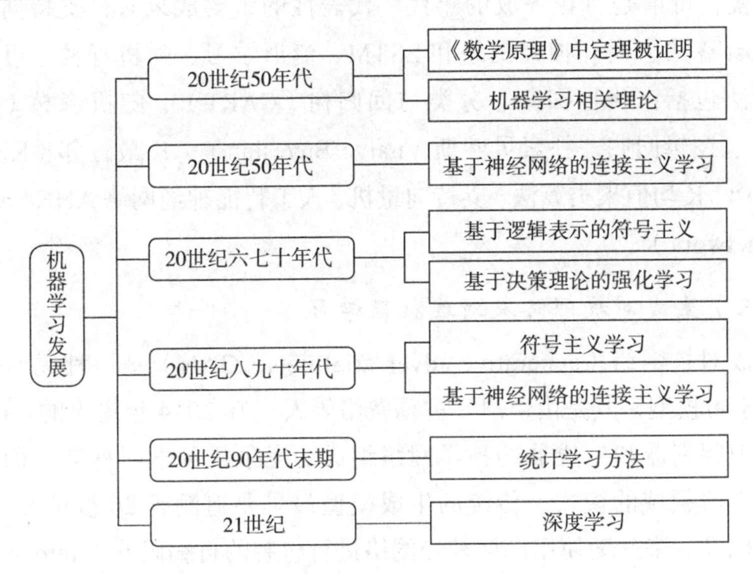

图 5–6　机器学习发展史

① 杨博雄. 深度学习理论与实践 [M]. 北京：北京邮电大学出版社，2020:8.

二、机器学习技术介绍

（一）机器学习算法分类

机器学习算法可以按照不同的标准来进行分类。例如，可以根据函数 $f(x, \theta)$ 的不同，将机器学习算法划分为线性和非线性两个不同的模型；按照学习准则的不同，机器学习算法也可以分为统计方法和非统计方法。但一般来说，我们会按照训练样本提供的信息以及反馈方式的不同，将机器学习算法分为监督学习、无监督学习和强化学习。

（二）机器学习的经典算法

1980 年机器学习作为一支独立的力量登上了历史舞台。并在 1980—1990 年间应用了一些重要的方法和理论，这些方法和理论的典型的代表是分类与回归树、反向传播算法、卷积神经网络。从 1990 到 2012 年，机器学习逐渐走向成熟和应用，在这 20 多年里机器学习的理论和方法得到了完善和充实，可谓是百花齐放的年代。代表性的重要成果有：支持向量机、AdaBoost 算法、循环神经网络和 LSTM、流形学习、随机森林。机器学习代表算法包括：线性回归、分类与回归树（CART）、随机森林（random forest）、逻辑回归、朴素贝叶斯（naive Bayesian）、K 最近邻（KNN）、AdaBoost、K 均值聚类算法、支持向量机、人工智能神经网络 ANN（artificial neural network）。

（三）生成对抗网络及对抗机器学习

生成对抗网络（generative adversarial nets，GAN）是一种无监督学习的机器学习模型，其是由伊恩·古德费洛等人[①] 在 2014 年提出的。由 GAN 技术作为判别器和生成器的神经网络组成的竞争机制学习框架，彻底改变了深度学习领域的模式。传统的生成模型最早要追溯到 20 世纪 80 年代的 RBM，以及后来逐渐使用深度神经网络进行包装的自编码器（autoencoder，AE），然后就是生成对抗网络。

对抗机器学习是一个机器学习与计算机安全的交叉领域。对抗机器学习

① 伊恩·古德费洛，约书亚·本吉奥·亚伦·库维尔．深度学习 [M]. 赵申剑，黎彧君，符天凡，等译．北京：人民邮电出版社，2017:25.

技术想要达到的最终结果是给在非善意环境下的机器学习技术提供安全防御能力。由于机器学习技术一般研究的是同一个或较为稳定的数据分布，当部署到现实中的时候，由于恶意用户的存在，这种假设并不一定成立。例如，相关从业技术人员发现，一些通过特别针对性设计的对抗样本可以使机器学习模型失效并向外传递出正确的信号。针对模型的攻击问题，可以将其分为两大类，以下将从训练阶段的攻击和推理阶段的攻击来进行简单讨论。

第一类，训练阶段的攻击。训练阶段的恶意攻击，其主要目的是针对模型的参数进行微小的扰动，从而让模型的性能和预期产生偏差。这样的行为主要是通过数据投毒来完成的。

第二类，推理阶段的攻击。当训练完成一个模型之后，这个模型就可以看作一个 box，那么这个盒子中，对于我们如果是透明的话，我们就把它当成是"白盒"模型，如果这个盒子中，我们什么都看不了，我们就把它当成"黑盒"模型。（我们在这个部分不讨论灰盒模型）那么针对白盒和黑盒的进攻手段自然是不同的，但是最终的目的都是希望能对模型的最终结果产生破坏，与预期脱离。

（四）自动机器学习

自动机器学习的研究目标在于通过使一些通用步骤（如数据预处理、模型选择和调整超参数）自动化，从而让机器学习中生成模型的过程达到简化。自动机器学习是指尽量不通过人来设定超参数，而是采用某种学习机制来调节这些超参数。这些学习机制包括传统的贝叶斯优化、多臂老虎机（multi-armed bandit）、进化算法，还有比较新的强化学习。自动机器学习不仅包括大家熟知的算法选择、超参数优化和神经网络架构搜索，还覆盖机器学习工作流的每一步。自动机器学习的作用就在于此，它帮助研究人员和从业者自动构建机器学习管道，将多个步骤及其对应的多个选项集成为工作流，以期快速找到针对给定问题的高性能机器学习模型。

（五）可解释性机器学习

可解释性是指人类能够理解决策原因的程度。机器学习模型的可解释性越高，人们就越容易理解为什么做出某些决定或预测。模型可解释性指对模型内部机制的理解以及对模型结果的理解。其重要性体现在：在建模阶段，辅助开发人员理解模型，进行模型的对比选择，必要时优化调整模型；在投入运行阶段，向业务方解释模型的内部机制，对模型结果进行解释。比如基金推荐模型，需要解释“为何为这个用户推荐某只基金”。

机器学习流程步骤：收集数据、清洗数据、训练模型、基于验证或测试错误或其他评价指标选择最好的模型。而深度神经网络处于另一个极端，因为它们能够在多个层次进行抽象推断，所以它们可以处理因变量与自变量之间复杂的关系，并且达到较高的精度。但是这种复杂性也使模型成为黑箱，我们无法获知所有产生模型预测结果的这些特征之间的关系，所以我们只能用准确率、错误率这样的评价标准来代替，从而评估模型的可信性。事实上，每个分类问题的机器学习流程中都应该包括模型理解和模型解释。

（六）在线学习

传统的机器学习算法是批量模式的，假设所有的训练数据预先给定，通过最小化定义在所有训练数据上的经验误差得到分类器。这种学习方法在小规模上取得了巨大成功，但当数据规模较大时，其计算复杂度高、响应慢，无法用于实时性要求高的应用。与其他学习技术不同，在线学习（online learning）技术对源头数据进行了持续训练，然后通过一个构建过的训练样本调整当前的训练模型，从而极大地减小了学习算法的空间复杂度以及时间复杂度，极具很高的实用性。在大数据时代，大数据高速增长的特点为机器学习带来了严峻的挑战，在线学习可以有效解决该问题，从而引起学术界和工业界的广泛关注。早期在线学习应用于线性分类器产生了著名的感知器算法，当数据线性可分时，感知器算法收敛并能够找到最优的分类面。经过几十年的发展，在线学习已经形成了一套完备的理论，既可以学习线性函数，也可以学习非线性函数；既能够用于数据可分的情况，也能够处理数据不可分的情况。下面我们给出一个在线学习形式化的定义及其学习目标。

根据学习器在学习过程中观测信息的不同，在线学习还可以再进一步分为完全信息下的在线学习和赌博机在线学习。前者假设学习器可以观测到完整的损失函数，而后者假设学习器只能观测到损失函数在当前决策上的数值。以在线分类为例，如果学习器可以观测到训练样本，该问题就属于完全信息下的在线学习，因为基于训练样本就可以定义完整的分类误差函数；如果学习器只能观测到分类误差而看不到训练样本，该问题就属于赌博机在线学习。由于观测信息不同，针对这两种设定的学习算法也存在较大差异，其应用场景也不同。

三、机器学习的应用

机器学习作为人工智能研究的核心，已经渗透到人工智能的各个领域，随着机器学习能力和技术的不断提升，机器学习的潜力也越来越大。近年来，机器学习与金融、自动驾驶、健康医疗、制造和零售等行业的融合越来越紧密，开始被大规模地进行商业应用。

（一）机器学习在金融领域的应用

1. 欺诈检测

机器学习技术进行欺诈检测的操作时，会针对历史数据进行采集，然后将这些数据划分成三个不同的部分，最后再用训练集对机器学习模型进行训练，从而预测被欺诈的概率，最后建立模型，预测数据集中的欺诈或异常情况。与传统检测相比，这种欺诈检测方法所用的时间更少。由于目前机器学习的应用量还很小，仍然处于成长期，所以它会在几年内进一步发展，从而检测出复杂的欺诈行为。

2. 股票市场预测

当今，股票市场已然成为大家关注的热点，但是，如果不了解股票运作方式和当前趋势，要想击败市场则有一定的难度。随着机器学习的使用，股票预测变得相当简单。这些机器学习算法会利用公司的历史数据，如资产负债表、损益表等，对它们进行分析，并找出关系公司未来发展的有意义的迹象。

3. 智能财务助理

财务机器人可以担当财务顾问，成为个人财务指南，可以跟踪开支，提供从财产投资到新车消费方面的建议。财务机器人还可以把复杂的金融术语转换成通俗易懂的语言，更易于沟通。一家名为 Kasisto 的公司的财务机器人就能处理各种客户请求，如客户通知、转账、支票存款、查询、常见问题解答与搜索、内容分发渠道、客户支持、优惠提醒等。

（二）机器学习在自动驾驶技术方面的应用

自动驾驶汽车在车身和内置配置设计，以及生产制造方面依然面临着诸多挑战。目前，一些智能汽车公司开始使用机器学习来尝试解决这些问题，如何在智能驾驶技术的领域内充分发挥机器学习的技术，变成了相关企业想要进一步拓展业务的一项重要事项。机器学习潜在的应用包括将汽车内外传感器的数据进行融合，借此评估驾驶员情况，进行驾驶场景分类，这些传感器包括激光雷达、雷达、摄像头和物联网。

在自动驾驶方面，机器学习算法的一个主要任务是持续渲染周围的环境，以及预测可能发生的变化，这些任务可以分为四个子任务：目标检测、目标识别或分类、目标定位、行动预测。自动驾驶目标识别和行动预测如图 5–7 所示。

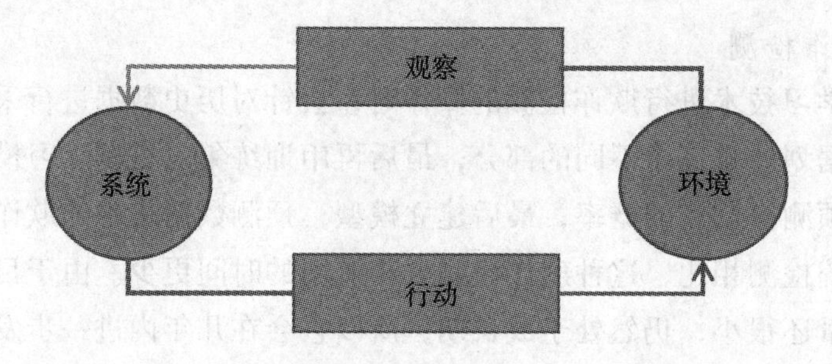

图 5–7　自动驾驶目标识别和行动预测

（三）机器学习在零售业领域的应用

人工智能和机器学习技术已经成为零售行业的强大工具，如今的人工智能程序能够通过大数据技术充分读取、分析、总结顾客的需求，并且迅速且准确地为顾客做出购买行为的指导推荐。这为广大零售业卖家提升客户购物满意度以及提升顾客留存率和回购率提供了很大的技术支持，人工智能和机器学习技术在零售业领域能起到辅助作用的一些实例如下：①通过机械学习与物联网技术相结合预测客户需求，优化商店业务并减轻店员负担。②基于店内传感器等设备为客户提供精准的广告推送。③零售商可以监控排队结账的等候时间，以了解个别店面的流量和商店销售效率，然后进行分类和调整店面布局来实现购物量、满意度和销售量的最大化。④系统可以通过把计划调整为按需活动，来识别和预测客户行为，改善员工生产效率。⑤传感器系统可以检测食品的新鲜情况。⑥实体店正在实现很多操作任务的自动化，例如设置货架定价、确定产品分类和混合、优化促销等。

四、机器学习的趋势

（一）无代码机器学习

在过去，绝大多数计算机程序的学习行为都是通过基于计算机代码的编译，而这种方式在未来的机器学习技术中将得到改变。无代码机器学习指的是跳过预处理、采集新数据、建模、构建算法、再训练等漫长而艰巨的过程对机器学习技术进行设计的一种方法。

（二）TinyML

TinyML 指的是一种方便携带的、小型机械学习设备，其一改之前计算机硬件庞杂且不易携带的特征，尝试将可进行自动学习的机器尽可能地缩小化、便携化。

（三）自动机械学习

自动机械学习指的是通过机器自动学习模型的选择，将机器学习应用到现实世界的过程。

第六章 人工智能的关键算法

第一节 遗传算法

一、遗传算法的生物学基础

自然界中有一个常见的现象：在一定的时间范围内，有一批羚羊跑得比另外一批羚羊快，而且更聪明，这些聪明且体力较好的羚羊被灰狼吃掉的概率比较小，所以大部分都存活了下来，繁殖了更多的羚羊。当然，有些跑得慢、不太聪明的羚羊因为运气较好也会存活下去，这些存活下来的羚羊群开始生存繁衍，最终使羚羊遗传样本充分融合：一些跑得慢的羚羊生出了跑得快的羚羊，一些跑得快的羚羊生出跑得更快的，一些聪明的羚羊生出了更聪明的羚羊，等等。因此自然界会在一定的周期诞生整体基因更优的小羚羊，这些小羚羊平均来说比原来的羚羊群体要快、更聪明，因为大部分从灰狼口中生存下来的父亲都是跑得更快、更聪明的羚羊。同样，灰狼也在经历类似的过程，智商和速度较差的灰狼会因为越来越难捕获到猎物而被淘汰。

以上事例说明，羚羊的生存哲学很好地反映出以自然选择学说为核心的现代生物进化理论。其基本观点是种群是生物进化的基础单位，而实质上是种群基因频次变化。基因突变、基因重组、自然选择和隔离是物种形成过程中的三大基础环节，通过它们的综合作用产生分化，最终导致新型物种的形成。在此过程中，基因突变、基因重组产生生物进化原材料，自然选择使种群基因频次定向改变并决定了生物进化方向，隔离是新型物种形成的必要条件。

新物种形成的路径与方法有两个：逐渐变化、爆发式发展。逐步变异主要是通过逐渐积累成为亚种，然后由亚种形成一个物种或多个新的种类。遗传算法综合了渐变式和爆发式两种思想。

二、遗传算法的基本流程

想要深入理解遗传算法，需要理解几个与遗传算法有关的基本概念。

第一，种群。是指在进行遗传算法之前，对于初始解的集合。

第二，个体。是指种群里的基本元素，是构成遗传算法的基础。

第三，染色体。由个体组成，个体在进行编码操作后，会形成一组编码串，这些编码串的每一节都是一个基因，而这些基因组大量组合后形成的有效信息段被称为基因组。

第四，适应度函数。指的是对个体环境适应情况的评价。

第五，遗传操作。遗传操作包括的步骤分别为选择、交叉和变异，是新一代种群产生的途径。

遗传算法流程如图 6-1 所示。

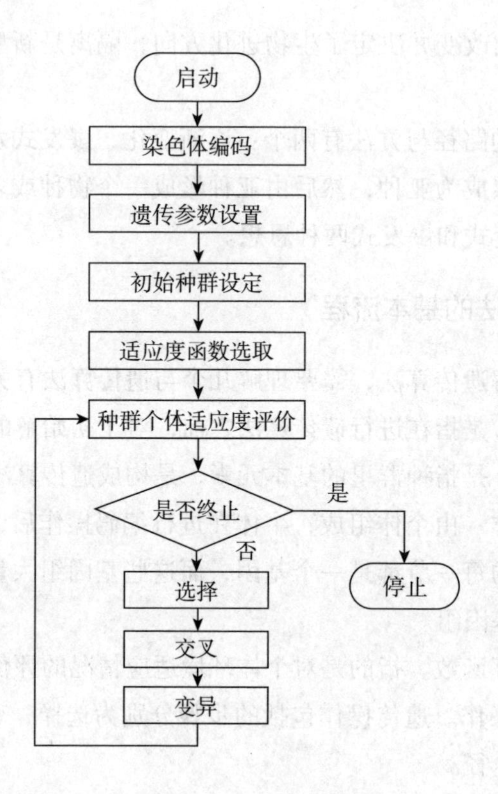

图 6-1 遗传算法流程

（一）编码

遗传算法的编码可分为浮点编码和二进制编码两类。以二进制编码为例，二进制编码既适合计算机分析信息的技术习惯，也方便对染色体的一系列操作。

（二）解码

解码的执行可以将二进制数据链转换成人们日常习惯使用的十进制。遗传算法的解码和编码操作在宏观上可以与生物的表现型以及基因型对应，在微观上可以和 DNA 的转录以及翻译两个步骤对应。

（三）交配运算

交配运算是指将算子进行单点或多点交叉运算的步骤，具体执行步骤为先使用随机数产生一个或者几个交配点的位置，接着一对个体进行互换基本码的操作，从而形成两个子个体。例如，有两条染色体 S_1=01001011，S_2=10010101 交换其后 4 位基因，染色体基因交配 S_1' =01000101，S_2' =10011011 可以被看作原染色体 S_1 和 S_2 的子代染色体。染色体交配运算如图 6-2 所示。

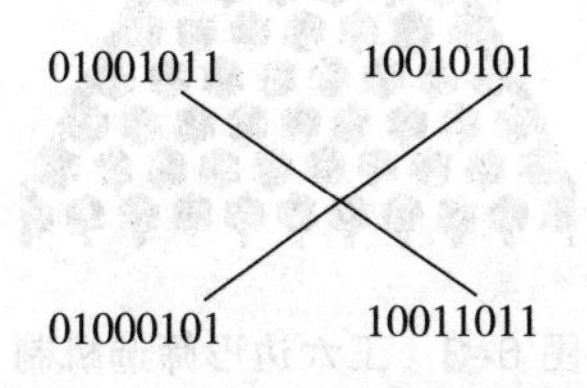

图 6-2　染色体交配运算

（四）突变

突变运算指的是对基本位进行基因的突变，为了防止在算法迭代的后期阶段种群出现过早收敛的情况，对于由二进制基因编码组成的个体种群，可以使用基因码的最小概率翻转，将二进制编码中的 1 变为 0，0 变为 1。

（五）倒位

除了交配和突变两个步骤之外，如遇到复杂的问题需要处理，就可以使用“倒位”的方法，其对应的运算步骤名为“倒位运算”。倒位是指将一个单一的染色体的某一区段的基因排序进行 180° 的翻转处理，使得对应区段的 DNA 序列得到重新排列，这个步骤也可以分为臂内倒位和臂间倒位两种。一般来讲，将一个纯合体进行倒位不影响其个体的生命力，只是对其染色体内的基因位置造成了影响，从而产生位置效应，同时也使得相邻基因的交换值发生了改变。而如果将一个杂合体进行倒位，其生育力会受到负面影响，并且可能使得染色体上的区段发生连锁反应式的倒位，进而通过自交生成不同的倒位纯合体，最终导致形成生殖隔离，产生新的物种。

（六）个体适应能力

只有拥有更高适应能力的生物才能在自然界获得更高的生存概率，这种筛选机制的机理可以用正六边形筛选机制模型来说明。正六边形筛选机制模型如图 6-3 所示。

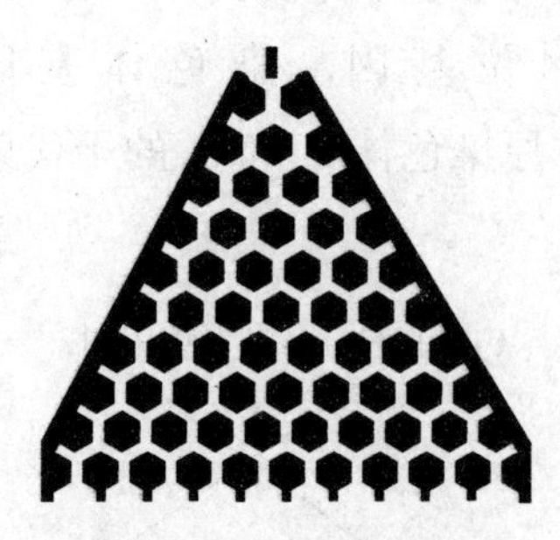

图 6-3　正六边形筛选机制

在由正六边形组成的三角形的顶端放入一些小球，小球通过层层障碍最终到达底部，根据正态分布的原理，小球有更大的概率落在中间，这个概率跟遗传算法中的各复杂染色体的遗传概率一致。

（七）复制

复制运算是根据个体的适应力情况来决定其是否能成功进行遗传的行为，其程序设计流程如下所示。

```
BEGIN
    t = 0;                          % 遗传代数
    初始化 P（t）;                  % 初始化种群或染色体
    计算 P（t）的适应值;
    while（不满足停止准则）do
        begin
        t = t+1;
        从 P（t-1）中选择 P（t）;    % 选择
        重组 P（t）;                % 交叉和变异
        计算 P（t）的适应值;
        end
END
```

三、遗传算法的特点与改进

（一）遗传算法的优点

遗传算法有以下几个优点：①与问题领域无关且快速随机的搜索能力；②搜索从群体出发，具有潜在的并行性，可以进行多个个体的同时比较；③使用概率机制进行迭代，具有随机性；④具有可扩展性，容易与其他算法结合。

（二）遗传算法的缺点

从另一个角度来看，遗传算法也存在以下几个缺点：①遗传算法的编程实现比较复杂，首先需要对问题进行编码，找到最优解之后还需要对问题进行解码；②另外三个算子的实现也有许多参数，如交叉率和变异率，并且这些参数的选择严重影响解的品质，而目前这些参数的选择大部分是依靠经验；③没有能够及时利用网络的反馈信息，故算法的搜索速度比较慢，要得到较精确的解需要较多的训练时间；④算法对初始种群的选择有一定的依赖性，需结合一些启发算法进行改进；⑤算法的并行机制的潜在能力没有得到充分的利用，这也是当前遗传算法的一个研究热点方向。

遗传算法具备杰出的全局性检索能力，能够在很短的时间内完成对空间中的所有解的计算，并且不会陷入局部最优化算法的陷阱，能够利用遗传算法的内在管理性，实现分布式的计算，优化算法的计算效率。但是遗传算法在具备优秀的全局搜索能力的同时，其局部搜索的能力较低，在实际的应用过程中，遗传算法容易产生早熟收敛的现象。如何选择最合适的方式，不仅能够保留优秀的个体，又能维持群体的多元化，一直是遗传算法难以解决的问题。

第二节　粒子群算法

一、粒子群算法的概念

我们可以从一个例子形象地理解粒子群算法的概念。

粒子群算法是借鉴鸟群觅食行为构建的算法。假设我们面前有一群鸽子，它们的目标很明确，要在这一片区域找到食物资源最丰富的位置安家。在鸽子们寻找食物的时候，假设这片空间只有一只虫子，而所有的鸽子都不确定这唯一的食物的位置，但是鸽子们能够知道自己目前距离食物的距离，同时它们也知道距离虫子最近的鸽子的位置。[①] 鸽子群搜索策略模拟如图 6–4 所示。

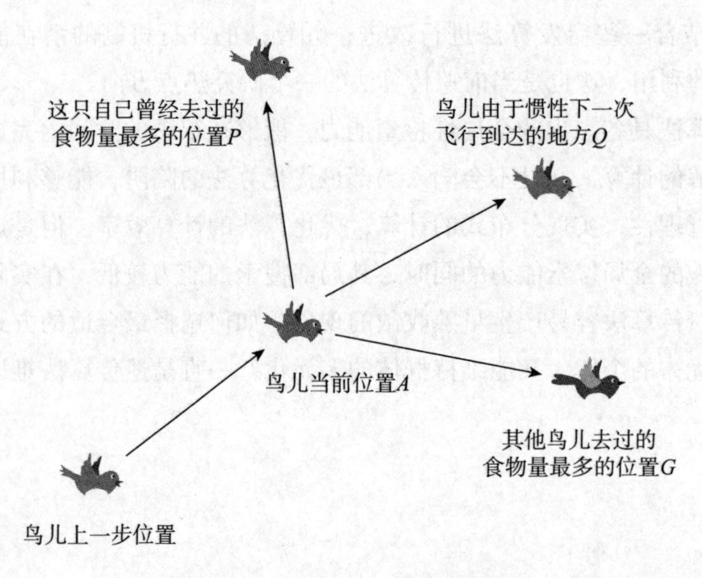

图 6–4　鸽子群搜索策略模拟

① 李公法．人工智能与计算智能及其应用 [M]. 武汉：华中科技大学出版社，2020：201.

鸽子群搜索策略分为以下几个步骤。①所有鸽子都随机确定一个位置，并对这个位置的食物量进行评估。②所有鸽子都检索了一个位置之后，聚集在一起开会，选出遇到食物最多的地方。为方便叙述，可以设这个地点为 *G*。③在选出食物量最多的地方之后，每只鸽子也开始回顾自己途经的地区，记住自己曾经飞到过的食物量最充足的地方 *P*。④鸽子们的会议结束之后，鸽子们为了继续寻找食物量最充足的地方，于是朝着 *G* 飞去，但是每只鸽子都忘不了自己到过的地点 *P*，飞着飞着，有些鸽子会开始纠结到底是开会选出的 *G* 食物多还是自己到过的 *P* 食物多，毕竟 *G* 点没有亲眼见过，所以有些鸽子在向 *G* 飞行时，也会时不时地往 *P* 飞。⑤考虑到鸽子飞行的惯性，也就是说鸽子无法立即停到比较准确的位置，由于惯性的作用，鸽子有可能随机停到某一个地点 *Q*。⑥飞过一圈之后，鸽子们继续开会，如果鸽子们决定不再进行寻找最佳栖息地的活动，它们会选择 *G* 安家。反之，鸽子们会重复步骤②至步骤⑥。

假如我们是那群鸽子之一，出于对食物的向往决定向 *P* 和 *G* 飞行，但由于飞行惯性的问题，我们无法立即停在某个地方，因此还有停在某一个未知地点 *Q* 的可能。最终，当我们重复这个流程，我们一定会最终抵达到食物最丰富的地方。

上面这个例子，可以更好地帮助我们理解粒子群算法。

粒子群算法是一种以集群合作为基础的随机检索机制，其是通过群体内个体的相互协作与信息分享机制实现找到最优解的目的的，可以被归为启发性的整体优化算法。

粒子群算法的发展历程可分为标准算法和传统算法两个阶段。其中，标准算法相比传统算法增添了惯性权重因子，其可以改变解空间的检索范围。粒子群算法凭借其简便、高效、快捷等优点，在计算进化领域受到了很多的关注，并在优化函数、模糊控制等方面起到了不错的应用效果。

二、粒子群算法的基本流程

粒子群算法的基本流程包括种群初始化、个体适应度评价、个体最优位置更新、群体最优位置更新，以及粒子速率与位置更新、迭代、终止。粒子群算法流程如图 6-5 所示。

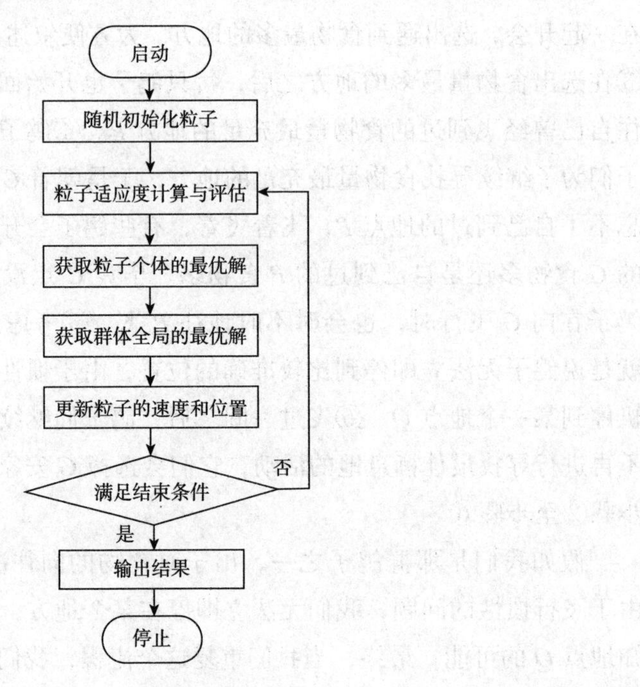

图 6-5　粒子群算法流程

三、粒子群算法的特点与应用

（一）粒子群算法的特点

粒子群算法有以下几个方面的特点：①粒子群算法具有高效的并行性特征，其搜索的过程是通过不断迭代完成的。②粒子群算法使用的是实数的编码，这种编码方式可以直接在问题域上运行，而不用像遗传算法那样进行二进制和十进制的转换，因此粒子群算法实现起来相对容易。③粒子群算法中的个体粒子的移动具有随机性，能够对未知的复杂区域进行搜索。④粒子群算法可以有效地让全局检索和局部搜索实现平衡。⑤在优化的步骤中，个体粒子不仅可以通过自身经验行动，也可以根据群体的经验进行决策。⑥粒子群算法能够保证很好的收敛性，因为其求解的方式并不依赖初始点的选取。⑦一方面，粒子群算法可以对离散变化的量进行优化；另一方面，其对离散型变量的取整方式有概率会导致不小的误差。⑧粒子群算法具有记忆功能，使得其可以对当前的搜索状态进行动态跟踪，从而及时地调整策略。⑨在粒子群算法中，所有的个体粒子都朝着最优解的方向运动，具有趋同的特质，这使得粒子群算法在执行到后期时收敛速度会变慢，算法收敛的精度有限。⑩与遗传算法不同的是，粒子群算法的种群数目对算法本身的性能影响较小。

（二）粒子群算法的应用

粒子群算法可以有效地解决复杂系统的优化问题，其在如下几个领域有着广泛的应用：①智能机器人控制领域。通过粒子群算法可以实现智能机器人的协调控制和移动路线的设计。②工程应用领域。在实际的工程问题中，使用较为复杂的数学模型很难得到比较精确的解答，而粒子群算法可作为实际工程问题的解答工具。③临床医学领域。粒子群算法在临床医学领域主要负责医学影像的处理，通过对个体粒子群的图像处理和增强技术，可以将潜在的病症单独提取出来，从而完成进一步的医学分析和诊断。④通信技术领域。粒子群算法可以应用于路由选择和基站设置之中。⑤交通运输领域。粒子群算法可用于物品的配送以及城市交通优化。

第三节 蚁群算法

一、蚁群算法的概念

蚁群算法的基本原理来源于自然界中蚂蚁觅食的最短路径问题。[1] 根据昆虫学家的观察，他们发现自然界的蚂蚁虽然视觉不发达，但它们可以在没有任何提示的情况下找到从食物源到巢穴的最短路径，并且能在环境发生变

① 何泽奇．人工智能 [M]. 北京：航空工业出版社，2021：165-166.

化时（如原有路径上有了障碍物后），自适应地搜索新的最佳路径。蚂蚁是如何做到这一点的呢?

原来，蚂蚁在寻找食物源时，能在其走过的路径上释放一种蚂蚁特有的分泌物——信息激素（信息素），使得一定范围内的其他蚂蚁能够察觉到并由此影响它们以后的行为。当一些路径上通过的蚂蚁越来越多时，其留下的信息素也越来越多，以致信息素强度增大(当然，随时间的推移会逐渐减弱)，所以蚂蚁选择该路径的概率也越高，从而更增加了该路径的信息素强度，这种选择过程被称为蚂蚁的自催化行为。由于其原理是一种正反馈机制，因此，也可将蚂蚁王国理解为所谓的“增强型学习系统”。

在自然界中，蚁群的这种寻找路径的过程表现为一种正反馈过程，蚁群算法就是模仿生物学中蚂蚁群觅食寻找最优路径的原理衍生出来的。

应该说前面介绍的蚁群算法只是一种算法思想，要是想真正应用该算法，还需要针对一个特定问题建立相应的数学模型。现仍以经典的旅行商问题为例，来进一步阐述如何基于蚁群算法来求解实际问题。

对于旅行商问题，为不失一般性，设整个蚂蚁群体中蚂蚁的数量为 m，城市的数量为 n，城市 i 与城市 j 之间的距离为 $d_{ij}(i，j=1，2，\cdots，n)$，t 时刻城市 i 与城市 j 连接路径上的信息素浓度为 $\tau_{ij}(t)$。初始时刻，蚂蚁被放置在不同的城市里，且各城市间连接路径上的信息素浓度相同，不妨设 $\tau_{ij}(t)=\tau_0$。然后蚂蚁将按一定概率选择线路，不妨设 $P_{ij}^k(t)$ 为 t 时刻蚂蚁 k 从城市 i 转移到城市 j 的概率。我们知道，蚂蚁旅行商策略会受到两方面影响，首先是访问某城市的期望，另外便是其他蚂蚁释放的信息素浓度，所以其定义为：

$$P_{ij}^k(t)=\begin{cases}\dfrac{\left[\tau_{ij}(t)\right]^\alpha\cdot\left[\eta_{ij}(t)\right]^\beta}{\sum\limits_{s\in \text{allow}_k}\left[\tau_{ij}(t)\right]^\alpha\cdot\left[\eta_{ij}(t)\right]^\beta}, & j\in \text{allow}_k\\ 0, & j\notin \text{allow}_k\end{cases} \qquad (6\text{–}1)$$

式中：$\eta_{ij}(t)$ 为启发函数，表示蚂蚁从城市 i 转移到城市 j 的期望程度；$\text{allow}_k(k=1，2，\cdots，m)$ 为蚂蚁 k 待访问城市集合，开始时，allow_k 中有 $n-1$ 个元素，即包括除了蚂蚁 k 出发城市外的其他城市，随着时间的推移，allow_k 中的元素越来越少，直至为空；α 为信息素重要程度因子，简称信息度因子，其值越大，表示信息影响强度越大；β 为启发函数重要程度因子，简称启发函数因子，其值越大，表明启发函数影响越大。

在蚂蚁遍历城市的过程中，与实际情况相似的是，在蚂蚁释放信息素的同时，各个城市间连接路径上的信息素的强度也在通过挥发等方式逐渐消失。为了描述这一特征，不妨令 $p(0<p<1)$ 表示信息素的挥发程度。这样，当所有蚂蚁完整走完一遍所有城市之后，各个城市间连接路径上的信息浓度为

$$\begin{cases} \tau_{ij}(t+1)=(1-p)\cdot\tau_{ij}(t)+\Delta\tau_{ij}, 0<p<1 \\ \Delta\tau_{ij}=\sum_{k=1}^{m}\Delta\tau_{ij}^{k} \end{cases} \tag{6-2}$$

二、蚁群算法实现流程

蚁群算法的流程如图 6-6 所示。

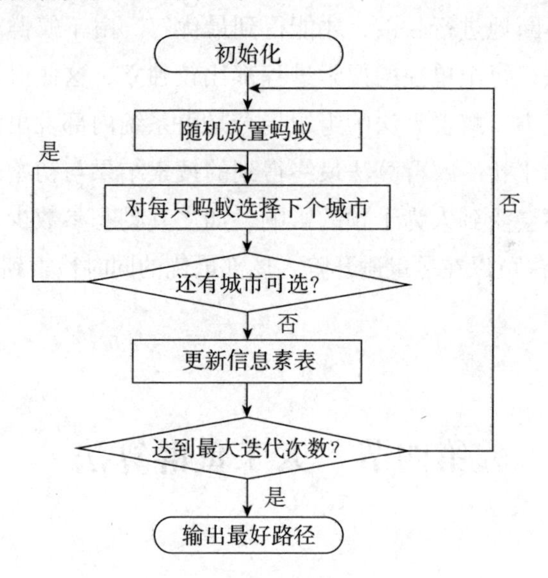

图 6-6　蚁群算法流程

步骤 1：对相关参数进行初始化，包括蚁群规模、信息素因子、启发函数因子、信息素、挥发因子、信息素常数、最大迭代次数等，以及将数据读入程序，并对数据进行基本的处理，如将城市的坐标位置转为城市间的矩阵。

步骤 2：随机将蚂蚁放于不同的出发点，对每个蚂蚁计算其下一个访问城市，直至所更新信息素表有蚂蚁访问完所有城市。

步骤 3：计算各个蚂蚁经过的路径长度，记录当前迭代次数中的最优解，同时对各个城市连接路径上的信息素浓度进行更新。

步骤 4：判断是否达到最大迭代次数，若否，则返回步骤 2，否则终止程序。

步骤 5：输出程序结果，并根据需要输出程序寻优过程中的相关指标，如运行时间、收敛迭代次数等。

三、蚁群算法的特点与优势

作为一种正反馈的算法，蚁群算法需要根据信息素的堆积才能实现对最佳路径的检索，这个步骤需要正反馈的机制才能实现。对于算法的搜索过程来说，其需要不断地进行收敛，才能得到最优解。由于蚁群算法采用的是分布式并行搜索法，每个单独的搜索进程都比较独立，这使得蚁群算法具备较好的全局检索能力。蚁群算法的组织指令是由系统内部发出的，这个过程并不会受到外界的干扰。蚁群算法最终得到的搜索结果与初始的路线选择并没有关系，并且不会受到人为干预的影响，加之其具有参数少、设置简单的特点，使得蚁群算法可以在尽量避开陷入局部最优的同时检索到全局的最优解。

第四节　人工鱼群算法

一、人工鱼群算法的概念

人工鱼是真实鱼抽象化、虚拟化的一个实体，其中封装了自身数据和一系列行为，可以接收环境的刺激信息，进行相应的活动。其所在的环境有问题的解空间和其他人工鱼，它在下一时刻的行为取决于其自身的状态和环境的状态,并且它还通过自身的活动来影响环境,进而影响其他人工鱼的活动。[①]

在一片水域中，鱼往往能自行或尾随其他鱼找到营养物质多的地方，因而鱼数量最多的地方一般就是本水域中营养物质最多的地方，人工鱼群算法就是根据这一特点，通过构造人工鱼来模仿鱼群的觅食、聚群及追尾行为，从而实现寻优。

人工鱼群在寻优的过程中，可能会集结在几个局部最优解的周围，使人工鱼跳出局部最优解。实现全局最优的因素主要有以下几点：①觅食行为中重复次数较少，为人工鱼提供了随机移动的机会，从而可能跳出局部最优解；②随机步长使得人工鱼在前往局部最优解的途中，有可能转向全局最优解；③拥挤度因子限制了聚群的规模，使得人工鱼能够更广泛地寻优；④聚群行为能够促使出现于局部最优解的人工鱼向全局最优解的方向聚集，从而跳出局部最优解；⑤追尾行为加快了人工鱼向更优状态游动。

二、人工鱼群算法实现步骤

人工鱼群算法实现步骤分为以下几步：①初始化设置，包括种群规模 N、每条人工鱼的初始位置、人工鱼的视野 visual、步长 step、拥挤度因子、重复次数 try number；②计算初始鱼群各个体的适应度，取最优人工鱼状态及其值赋予公告牌；③对每个个体进行评价，对其要执行的行为进行选择，包括觅食 pray、聚群 swarm、追尾 follow 和评价行为 bulletin；④执行人工鱼的行为，更新自己，生成新鱼群；⑤评价所有个体，若某个体优于公告牌，则将公告牌更新为该个体；⑥当公告牌上最优解达到满意误差界内或者达到迭代次数上限时算法结束，否则转第 3 步。

人工鱼群算法中，觅食行为奠定了算法收敛的基础；聚群行为增强了算法收敛的稳定性；追尾行为增强了算法收敛的快速性和全局性；评价行为也为算法收敛的速度和稳定性提供了保障。人工鱼群算法有五个基本参数：群规模、人工鱼的视野、步长、拥挤度因子、重复次数。

---

① 常成．人工智能技术及应用 [M]. 西安：西安电子科学技术大学出版社，2021:110−111.

（一）群规模 N

人工鱼的数目越多，跳出局部最优解的能力越强，同时，收敛的速度也越快。当然，付出的代价就是算法每次迭代的计算量也越大，因此，在使用过程中，在满足稳定收敛的前提下，应当尽可能地减少数目。

（二）视野

视野对算法中各行为都有较大影响，因此，它的变化对收敛性能的影响也比较复杂。当视野范围较小时，人工鱼的觅食行为和随机行为比较突出；当视野范围较大时，人工鱼的追尾行为和聚群行为变得比较突出，相应的算法的复杂度也会有所上升。总体来说，视野越大，越容易使人工鱼发现全局最优解并收敛。

（三）步长

对于固定步长，随着步长的增加，其收敛的速度得到了一定的提高，但在超过一定的范围后，收敛速度减缓，步长过大时会出现震荡现象进而大大影响收敛速度。采用随机步长的方式在一定程度上防止了震荡现象的发生，并使得该参数的敏感度大大降低，但最快的收敛速度还是最优固定步长的收敛速度，所以对于规定的优化问题，我们可以考虑采用合适的固定步长或者变尺度方法来提高收敛速度。

（四）拥挤度因子

拥挤度因子通过人工鱼是否执行追尾和聚群行为对优化结果产生影响。但对于某些局部极值不是很严重的具体问题，可以忽略拥挤的因素，从而在简化算法的同时也加快算法的收敛速度和提高结果的精确程度。

（五）重复次数

尝试次数越多，人工鱼的觅食行为能力越强，收敛的效率也越高。在局部极值突出的情况下，应该适当减少来增加人工鱼随机游动的概率，克服局部最优解。

三、人工鱼群算法的特点

人工鱼群算法的特点有以下几点：①只需比较目标函数值，对目标函数的性质要求不高；②对初值的要求不高，随机产生或设置为固定值均可，鲁棒性强；③对参数设定的要求不高，容许范围大；④收敛速度较慢，但是具备并行处理能力；⑤具备较好的全局寻优能力，能快速跳出局部最优点；⑥对于一些精度要求不高的场合，可以用它快速得到一个可行解；⑦不需要问题的严格机理模型，甚至不需要问题的精确描述，这使得它的应用范围得以延伸。

第五节　神经网络算法

一、神经网络算法的发展历史

神经网络算法的发展历史可以分为以下五个阶段。

阶段一：模型提出。

1943 年，基于生物神经元结的 MP（McCulloch-Pitts）神经元数学模型，开创了人工神经网络研究时代。但 MP 模型只能手动分配权重，使其很难达到最优分类效果。

1949 年，赫布 (Donald Hebb) 提出当输入神经元与输出神经元同时发放时，它们的连接权重将增加。赫布的原理简单说就是“共同发放的神经元会连接在一起”。

1958 年，第一个可以自动学习权重的神经元模型——感知器被提出，同时一种接近于人类学习过程（迭代、试错）的学习算法出现。

阶段二：低谷期。

1969 年，感知器存在无法处理简单的异或回路、电脑没有足够的能力来处理大型神经网络所需要的很长计算时间等问题，直接导致以感知器为代表的神经网络相关研究进入低谷期。

1974 年，首次提出可以将反向传播算法（BP）应用到神经网络上，但并未引起学者们的重视。

1980 年，一种带卷积和子采样操作的多层神经网络：新知机出现。

阶段三：反向传播引起的复兴大潮。

1982 年，离散 Hopfield 网络出现。1984 年，在 Hopfield 的基础上，波尔兹曼机出现。

1986 年，联结主义在计算机模拟神经活动中有了新的进展，BP 算法被发明并取得了广泛的关注。

1986 年，BP 被引入多层感知器中。1989 年，BP 被引入卷积网络（CNN），并在手写体数字识别方面取得了很大成功。

1997 年，长短期记忆神经网络（LSTM）被提出，有效解决循环神经网络（RNN）难以人为延长时间任务的问题，并解决了 RNN 容易出现梯度消失的问题。

阶段四：流行度降低。

20 世纪 90 年代中期，随着以支持向量机（SVM）为代表的传统的机器学习算法兴起，神经网络的流行度再次降低。SVM 拥有严格的理论基础，训练需要的样本数量较少，同时也具有良好的泛化能力。相比之下，神经网络理论基础欠缺，优化困难、可解释性差等缺点较为凸显，神经网络的研究再一次陷入低潮。

阶段五：深度学习的崛起。

2006 年，前馈神经网络被发现可以先通过逐层预训练，再用 BP 进行精调的方式进行有效学习，并在 MNIST 手写数字图片数据集方面取得优于 SVM 的错误率，开启了深度学习的崛起之路。

2009 年，深度神经网络和自编码器被引入语音识别中，将大词汇连续语音识别系统的识别率提高 10 个百分点以上。

2012 年，AlexNet 基于 ReLU 激活函数搭建了 8 层神经网络模型，并采用 Dropout 技术来防止过拟合，同时抛弃逐层预训练的方式，直接在两块 NVIDIA GTX580 GPU 上训练网络。

2014 年，生成对抗网络（GAN）被提出，通过对抗训练的方式学习样本真实分布，从而生成逼近度较高的样本。此后，大量的深层 GAN 相继被提出。

2015 年，Microsoft 采用深度神经网络的残差学习方法，将 ImageNet 的分类错误率降低至 3.57%，低于同类实验中的人眼识别错误率 5.1%。

2016 年，DeepMind 公司将深度神经网络应用到强化学习领域，提出了 DQN 算法，在 Atari 游戏平台上 49 个游戏中取得了与人类相当甚至超越人类的水平。同年，DeepMind 公司使用 1 920 个 CPU 集群和 280 个 GPU 的深度学习围棋软件 AlphaGo，以 4：1 的总比分击败围棋世界冠军李世石。

2017 年，进一步研发出 AlphaGo 的升级版 AlphaGo Zero，其采用“从零开始”思想，以 100：0 的成绩打败了 AlphaGo。

二、神经网络算法的概念

（一）神经网络

历史上，科学家一直希望模拟人的大脑，造出可以思考的机器。人为什么能够思考？科学家发现，原因在于人体的神经网络。人体神经网络如图 6-7 所示。

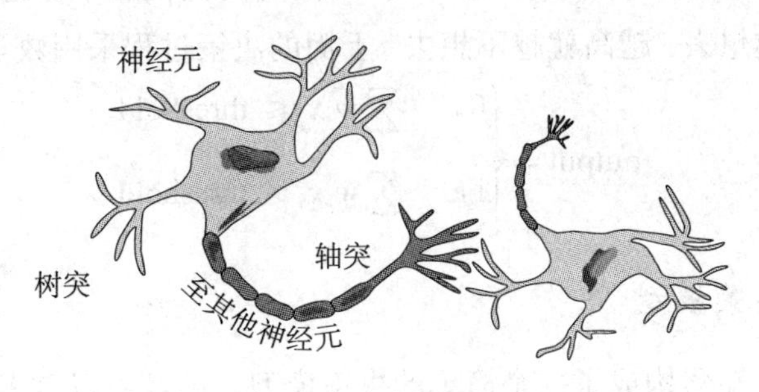

图 6-7　人体神经网络

人体神经网络的传导过程：①外部刺激通过神经末梢，转化为电信号，传导到神经细胞（又叫神经元）；②无数神经元构成神经中枢；③神经中枢综合各种信号，做出判断；④人体根据神经中枢的指令，对外部刺激做出反应。

既然思考的基础是神经元，如果能够“人造神经元”，就能组成人工神经网络模拟思考。20世纪60年代，沃伦·麦卡洛克和W. 皮茨提出了最早的“人造神经元”模型，叫作“感知器”。

（二）权重和阈值

现实中，各种因素很少具有同等重要性，某些因素是决定性因素，另一些因素是次要因素。因此，可以给这些因素指定权重，代表它们不同的重要性。

下面举例说明。

周六小明能否去参观科技馆的影响因素有三个，分别是天气、同伴和价格。假设：

天气：权重为 8；

同伴：权重为 4；

价格：权重为 4。

上面的权重表示，天气是决定性因素，同伴和价格都是次要因素。如果三个因素都为 1，它们乘以权重的总和就是 8 + 4 + 4 = 16；如果天气和价格因素为 1，同伴因素为 0，总和就变为 8 + 0 + 4 = 12。

这时，还需要指定一个阈值。如果总和大于阈值，感知器输出 1，否则输出 0。假定阈值为 8，那么 12 > 8。阈值的高低代表了意愿的强烈，阈值越低就表示越想去，越高就越不想去。上面的决策过程采用数学式表达如下：

$$\text{output}=\begin{cases}0, & \sum_j w_j x_j \leqslant \text{threshold}\\ 1, & \sum_j w_j x_j > \text{threshold}\end{cases}$$

（三）决策模型

单个的感知器构成了一个简单的决策模型，已经可以拿来使用了。真实世界中，实际的决策模型则要复杂得多，是由多个感知器组成的多层网络。多个感知器构成的决策模型如图 6-8 所示。

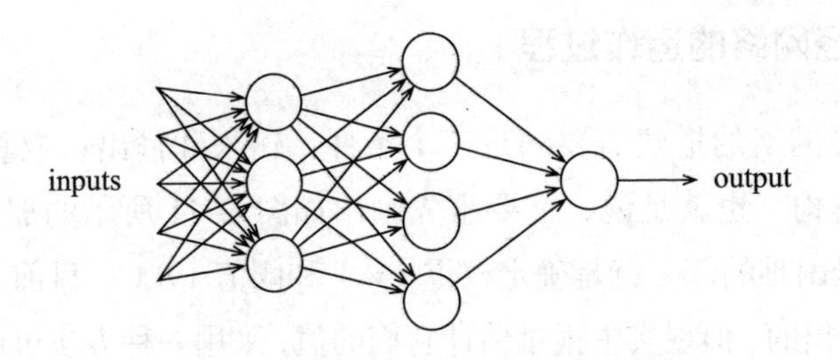

图 6-8　多个感知器构成的决策模型

在图 6-8 中，底层感知器接收外部输入，做出判断以后，再发出信号，作为上层感知器的输入，直至得到最后的结果。图中的信号都是单向的，即下层感知器的输出总是上层感知器的输入。现实中，有可能发生循环传递，即 A 传给 B，B 传给 C，C 又传给 A，这称为“递归神经网络”，如图 6-9 所示。

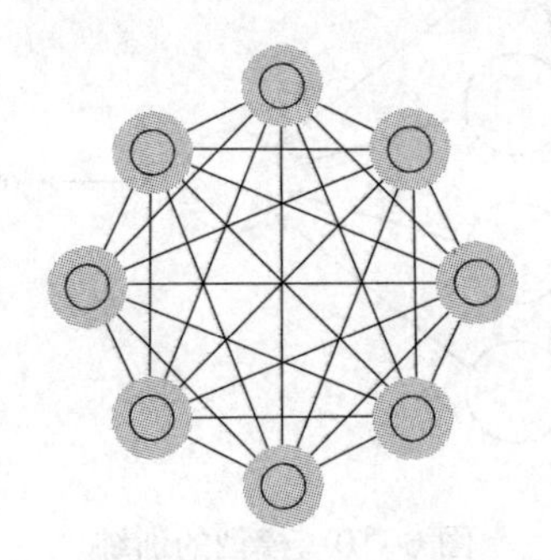

图 6-9　递归神经网络

（四）矢量化

为了方便讨论，需要对权重和阈值的模型进行一些数学处理。

（1）外部因素 $\boldsymbol{x}_1$，$\boldsymbol{x}_2$，$\boldsymbol{x}_3$ 写成矢量 $\boldsymbol{x}_1$，$\boldsymbol{x}_2$，$\boldsymbol{x}_3$，简写为 $\boldsymbol{x}$。（2）权重 $\boldsymbol{w}_1$，$\boldsymbol{w}_2$，$\boldsymbol{w}_3$ 也写成矢量（$\boldsymbol{w}_1$，$\boldsymbol{w}_2$，$\boldsymbol{w}_3$），简写为 $\boldsymbol{w}$。（3）定义运算 $\boldsymbol{w}\cdot\boldsymbol{x}=\sum \boldsymbol{w}\boldsymbol{x}$，即 $\boldsymbol{w}$ 和 $\boldsymbol{x}$ 的点运算，等于因素与权重的乘积之和。（4）定义 b 等于负的阈值，$b=-\text{threshold}$。

感知器模型就变成了下式所示：

$$\text{output}=\begin{cases}0, & \boldsymbol{w}\cdot\boldsymbol{x}+b\leqslant 0\\ 1, & \boldsymbol{w}\cdot\boldsymbol{x}+b>0\end{cases}$$

三、神经网络的运作过程

一个神经网络的搭建需要满足三个条件：输入和输出；权重和阈值；多层感知器的解构。也就是说，需要事先画出如图 6–11 所示的那张图。

其中，最困难的部分就是确定权重（$\boldsymbol{w}$）和阈值（b）。目前为止，这两个值都是主观给出的，但现实中很难估计它们的值，采用一种方法可以找出答案。这种方法就是试错法。其他参数都不变，$\boldsymbol{w}$（或 b）的微小变动，记作 $\Delta\boldsymbol{w}$（或 Δb），然后观察输出有什么变化。不断重复这个过程，直至得到对应最精确输出的那组 $\boldsymbol{w}$ 和 b，就是我们要的值，这个过程称为模型的训练，如图 6–10 所示。

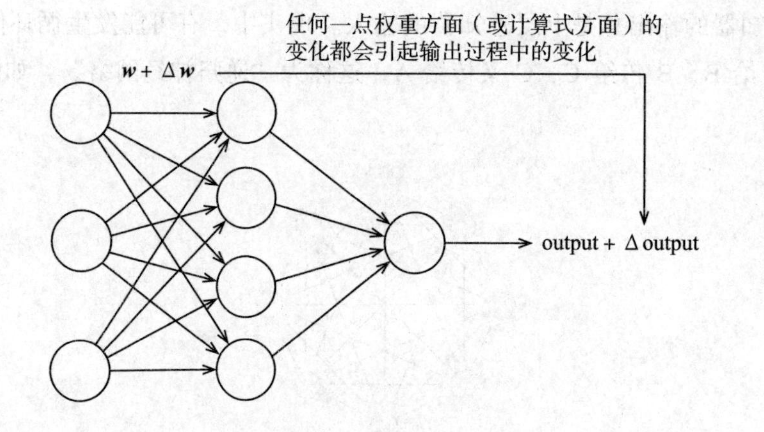

图 6–10　模型的训练

因此，神经网络算法的运作过程如下：①确定输入和输出；②找到一种或多种算法，可以由输入得到输出；③找到一组已知答案的数据集，用来训练模型，估算 $\boldsymbol{w}$ 和 b；④一旦新的数据产生，输入模型，就可以得到结果，同时对 $\boldsymbol{w}$ 和 b 进行校正。

第七章　人工智能在各行各业的应用

政策方面，人工智能连续几年被写入《政府工作报告》，已经成为国家级的战略。市场层面，人工智能相关企业投融资已进入中后期，其中无人驾驶和 AIoT 额度最高。技术方面，智能语音以及机器视觉都处于成熟阶段，并与 AR、边缘计算、5G 技术相互融合。舆论方面，人工智能的应用价值早已得到广泛认可，公众对人工智能的了解愈发深入。在这四大方面的推动下，人工智能在各行各业的应用将迎来加速期。

第一节　人工智能与金融

一、人工智能与金融概述

目前，以互联网渠道和数字化技术为代表的“金融科技”正在深刻改变金融业态。其中，随着互联网的全方位渗透，云计算和大数据两项技术已经得到了广泛应用。下一步，人工智能技术的大规模应用对金融业态将产生更加深远的改变。

2019 年，机器学习、计算机视觉识别等技术的商业应用已经规模化，自然语言处理、知识图谱、深度学习等技术逐步落地，金融机构应用人工智能技术逐渐普及，智慧金融浪潮将席卷金融业。

（一）人工智能技术概览

人工智能是计算机科学的分支，研究目的是让计算机以接近或超过人类智能的方式进行反应。现阶段，在数字技术和新兴应用场景的推动下，人工智能技术发展愈加细化，应用愈加广泛。

从产业链角度来看，人工智能领域分为三个层次，从基础层到通用层再到应用层，越来越靠近终端应用。

第一，基础层，包括人工智能芯片、人工智能云平台等提供计算、存储等功能的基础设施，也包括 TensorFlow、Caffe、PaddlePaddle 等通用计算框架。

第二，通用层，包括机器视觉、语音识别、语言处理、知识图谱等通用技术，也包括机器学习、深度学习等各类实现算法。

第三，应用层，包括身份识别、智能双录、刷脸支付、智能客服、智能营销、智能风控等各类终端场景应用及解决方案。

人工智能产业链如图 7–1 所示。

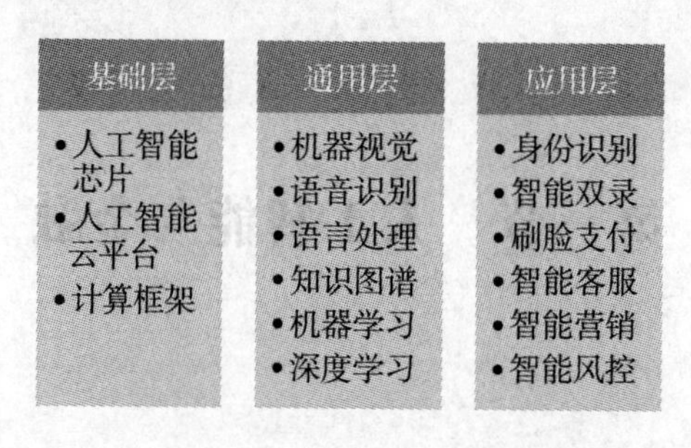

图 7–1　人工智能产业链

（二）人工智能应用为金融行业创造价值

一般将人工智能技术为金融行业创造的价值分为三个层次：自动化、智能化、创新化。

自动化主要涉及流程性工作，多数场景下是单一的感知智能技术，如计算机视觉识别、语音识别的应用。一方面是金融机构内部的操作流程，如马上消费金融利用光学字符识别技术完成证件信息的识别，解放了相关人力，降低了运营成本。另一方面是金融机构与客户的交互流程，如通过人脸或语音等生物特征进行识别，自动认证客户身份，取代密码等验证方式，优化了用户体验。

智能化主要涉及分析、推理和决策性的工作。应用场景中往往涉及数据挖掘、深度学习以及增强学习等认知智能技术和算法。例如，金融营销中的"千人千面"就是一个典型的智能化场景，通过对潜在客户多维度数据如金融数据、消费数据、社交数据的挖掘，精准绘制用户画像并匹配相应的营销策略、产品，对增量业务获取起到正面作用。

创新化指的是人工智能技术应用带来的金融价值链的变革。其基础在于人工智能技术在某些细分领域的广泛应用，核心是金融机构业务流程、组织架构、商业模式的再造。例如，智能投顾是一个典型的创新化应用，通过人工智能技术为用户进行风险识别、资产配置（公募基金匹配）、投资风险提示等工作。

每个层次的价值创造最终会体现在四类可量化的价值杠杆上：获取增量业务、降低风险成本、改善运营成本、提升用户满意度。人工智能技术为金融行业创造价值的三个层次如表 7–1 所示。

表 7–1　人工智能技术为金融行业创造价值的三个层次

层次	自动化	智能化	创新化
含义	内部操作流程和客户交互流程的自动化，感知智能技术的单独应用	涉及分析、推理和决策性的工作，应用场景中往往涉及数据挖掘以及各类认知智能技术和算法	人工智能技术广泛应用，改变金融价值链，金融机构商业模式发生变革
应用案例	文件合规审查、客户身份认证	多种多样的营销和服务	智能投顾

二、影响金融生态的四类人工智能技术

（一）计算机视觉识别技术对金融生态的影响

在金融业实际应用中，计算机视觉识别主要应用在金融机构内部流程以及与客户交互的自动化方面，对风险控制、客户服务等核心价值链产生影响。这些影响体现在对现有重复性人工作业的取代提升，并创造出新的客户交互模式。例如，刷脸支付是一个典型的计算机视觉识别技术应用场景，收

款方通过对货品类型和数量的识别直接计算出价格；支付方则通过“刷脸”完成支付过程中的身份认证、风控，避免了相对烦琐的密码等验证方式。这一新型交互方式提升了支付流程端的自动化程度，也提升了用户支付服务的满意度。

在目前的阶段，计算机视觉识别技术在金融机构中已经得到了相对普遍的应用，其创造的价值也已经受到广泛认可，主要体现在自动化带来的运营成本改善上。未来，金融机构不应当寄希望于通过应用计算机视觉识别技术来获取增量业务，核心布局方向应当是以交互、内部运营场景为核心，发挥技术对人工流程的替代作用。尤其是在风控相关业务场景中，在进一步识别风险特征等方面，计算机视觉识别技术仍有巨大潜力待挖掘。

总体来说，计算机视觉识别技术的价值创造体现在用户交互方式的改变以及风控能力的改变上，下面两个实际案例可以说明这点。

案例一：刷脸支付提升用户体验。

在网络身份核验过程中，简单的证件信息校验无法抵御证件信息盗用行为，难以满足高风控要求的各类应用场景。面对这样的挑战，人脸识别作为一项关键的身份核验技术，在与证件信息校验相结合之后，能够实现证件信息与证件信息持有人之间的一致性关联，即“人证合一”，成为加强实名认证的安全性、可信性的主要手段。

在电子商务的迅猛冲击下，某大型零售商为了实现数字化转型、提升运营效率，大力推动基于人脸识别的无介质刷脸支付。客户刷脸支付流程如图7–2所示。

图 7–2　客户刷脸支付流程

作为技术实力领先的持牌金融机构，马上消费金融自主研发了人脸识别技术，处于业内领先水平。该零售商最终采用马上消费金融提供的人脸识别技术，实现了便捷高效的刷脸支付。门店采用刷脸支付后，顾客整个支付过程耗时大幅缩短，购物体验得到极大提升。

案例二：活体识别技术助力消费风控水平提升。

尽管人脸识别技术极大提升了身份核验的安全性，但在照片翻拍、视频翻录等攻击行为面前，人脸识别技术仍然面临着极大威胁。因此，活体检测技术近些年来成为金融行业普遍采用的身份核验加强手段，它能够通过计算机检测镜头前的人是真人，而非翻拍、翻录得到的人像。

按照所用技术手段的不同，活体检测又可分为动作指令活体检测、唇语活体检测、近红外人脸活体检测、双目活体检测等。其中，动作指令活体检测主要通过眨眼、摇头等常规性动作指令实现活体识别，但面对大量的视频翻录活体攻击，仍然存在一定被攻破的可能性。

与动作指令活体检测相比，唇语活体检测、近红外人脸活体检测、双目活体检测在面对活体攻击时具有更高的安全性。

近些年，在数字化浪潮的冲击下，大部分保险公司都开始推出可在线办理业务的 app 产品。某保险公司在推出专属 app 产品之初，就采用了马上消费金融提供的人脸识别和动作指令活体检测技术，并将该技术作为 app 在投保人投保业务时的身份核验方式。近期，该公司关注到，动作指令活体检测技术仍然有被翻录视频多次攻击攻破的可能性。因此，他们决定对活体检测技术进行升级，进一步采用了马上消费金融自主研发的唇语识别活体检测技术。唇语识别的基本流程如下：首先，系统给定一组数字（一般为 4 个），并让业务办理人读出这组数字并将视频上传；然后，系统在活体视频中提取人脸数据帧，接着从人脸数据帧提取嘴部帧；最后，系统通过唇语识别模型来判断唇语是否与给定的数字相匹配。

采用唇语活体检测技术之后，该保险公司 app 受到翻录视频攻击后的攻破次数显著降低，风控水平得到显著提高。

（二）语音识别技术对金融生态的影响

语音识别技术将人发出的声音转化为计算机能够理解的形式，并通过计算机来模拟人发出的语音。其中，声纹识别也是一项在金融领域有重要应用场景的细分技术，通过人的声纹来判断两段语音是否属于同一人。在实际应用场景中，它不但能够对同一人的两段语音做一致性比对，还能区分同一场景中多人的身份。

不同类型的语音技术，其底层都是基于语音信号的声学模型和语言模型。由于不同行业的术语、表达方式等存在较大差异，相关语音模型一般需要针对特定行业和场景进行定制化训练。这也意味着，金融行业专属语料数据的不断积累和更新，是一项重要壁垒。

从技术成熟度角度来看，语音识别技术方兴未艾，尤其是中文语音识别在模型上与拉丁语系存在较大差距，在识别准确率、场景深度交互等方面还有较大提升空间。同样地，在应用环节上，语音技术的相关应用几乎成为大中型金融机构的标配，如客服机器人、合规场景的质检等，实际创造的价值更多体现在对人力的替代，深度复杂的场景应用还有待进一步探索。

短期内，语音识别技术应用仍将以自动化为核心，未来有望向智能化进一步发展，这有待于金融场景语料数据的进一步积累以及深度学习等算法的进一步突破。语音识别技术应用有如下案例。

案例一：智能语音为快速消费增加效率。

金融机构在电销、回访、催收等业务中，一般采取基于号码池的自动外呼来提升外呼效率。外呼成功之后，可能接入人工服务，也有可能接入智能语音。在自动外呼过程中，由于空号、欠费停机、关机、正在通话、不在服务区等大量无法接通状态的存在，外呼系统经常需要持续等待运营商返回无法接通的信息才能将线路挂断，等待时间可长达一分钟。因此，如何提升线路资源的利用率，降低因线路空耗而带来的不必要成本，对自动外呼系统的运营方来说同样十分重要。

马上消费金融基于语音识别技术，自主研发了在线智能空号检测系统，在挂断或非挂断号码状态两个方面对号码进行检测。该系统应用于智能营销、智能客服、智能贷后管理业务中，能够大幅减少座席等待时间，提升线路利用率，降低业务运营时间及人工成本。

另外，号码状态检测是根据前置音或回铃音中的关键词进行的进一步归类。对于不同状态的号码，外呼系统将会在此后采取不同的外呼策略。比如，对于不在服务区的号码，隔段时间再次进行呼叫；对于欠费停机的号码，则在次日进行呼叫；对于空号的号码，直接从名单中剔除。号码状态检测不但能够同挂断或非挂断检测一起应用于外呼系统，而且能够为资产管理、风控、运营等部门提供数据支持，在提升号码库质量、完善用户信用评分体系等方面发挥着重要作用。

（三）NLP 技术对金融生态的影响

自然语言处理（NLP）是人工智能分支之一，是计算语言学、计算机科学等多学科的交叉技术，能够使计算机分析和处理自然语言，最终目的是实现计算机与自然语言的有效交互。常见的 NLP 应用方向包括句法语义分析、信息抽取、文本挖掘、机器翻译、信息检索、问答系统、对话系统等，而机器学习是实现这些应用方向的重要技术手段。

在实际应用的过程中，由于不同垂直领域存在不同的词汇、术语，因此 NLP 技术一般需要大量垂直领域的文本资料加以训练，对识别模型进行不断优化后才能真正实现商用。

2018 年底，谷歌公司开源了 NLP 预训练模型 BERT（bidirectional encoder representation from transformers），其经过迁移学习可被迅速应用到不同的垂直领域，大大提升了 NLP 模型的训练效率。

当前阶段，受限于技术成熟度，NLP 技术为金融行业创造的价值还相对有限，仅仅应用在与自动化相关的场景下，如文本合规检查、数据检索等，主要价值体现在帮助金融机构降低运营成本上。但着眼于未来，NLP 技术有望成为金融机构智能分析决策的基础，尤其是与各类大数据分析技术的结合，有可能对于金融价值链造成颠覆。例如，智能投研平台 Kensho 基于 NLP 技术对海量数据的挖掘、整合、分析技术，辅助财经新闻人员进行快速数据提取。未来结合知识图谱与大数据分析，智能投研在某些方面可以达到超越人类的投资分析水平，从而产生新的金融商业模式。NLP 技术应用有如下案例。

案例：智能交互平台。

在金融行业中，不仅存在电销、回访、催收等相对标准化、单向化的主动外呼场景，还存在大量由客户主动发起，基于客户的复杂需求和业务方的业务知识的高级对话场景。过去，为了应对客户主动发起的客服需求，金融机构的智能客服系统往往存在两套方案。针对客户的标准化需求，依靠 IVR（interactive voice response，互动式语音应答）导航提供标准化的应答服务；

对于客户的个性化客服需求，金融机构提供人工座席服务。但人工座席服务线路资源往往极为有限，客户常常需要长时间等待，体验较差。而且人工座席的服务时间普遍无法覆盖 24h，对于发生在服务时间以外的紧急情况无法有效处理。

想要实现智能化的语音和文字机器人客服，NLP 技术的应用至关重要。NLP 技术可通过规则模板、词频统计、语法分析、机器学习等手段，实现对客户意图的准确理解，从而准确地生成应答语音。

马上消费金融基于语音识别、语音合成、NLP、知识图谱等多项技术，自主研发了智能交互平台，为客户提供涵盖语音机器人、文本机器人、智能语音质检在内的多项语音交互服务。

（四）知识图谱对金融生态的影响

知识图谱本质上是一种大规模语义网络，是一种基于图的数据结构，由节点和边组成。知识图谱将现实世界中的“实体”以及它们之间的联系抽象成图结构中的“点”和“边”，从而形成一张关系网络，为计算机提供了从关系角度去分析问题的能力。狭义的知识图谱本身只是语义网络，并不具备直接的金融应用价值，本部分涉及的技术包括图谱本身，也包括基于图的各类分析技术。知识图谱应用领域有以下三个方面。

知识图谱应用领域之一：精准营销。

在营销场景中，知识图谱可以通过整合多个数据源，形成关于潜在客户的知识网络描述。针对个人客户，知识图谱通过其个人爱好、电商交易数据、社交数据等个人画像信息，分析客户行为并挖掘客户潜在需求，从而针对性地推送相关产品，实现精准营销。

针对企业客户，知识图谱通过分析其投资关系、任职关系、专利数据、诉讼数据、失信数据、新闻报道等信息，实现涵盖企业间资金关系、实际控制人关系、供应链关系、竞品关系的知识网络的构建，从而为企业推荐合适的产品和服务。

知识图谱应用领域之二：产品组合设计。

精准营销更多涉及单一产品的推荐和销售，而客户的需求往往是多元化的，想要覆盖客户多元化的需求，知识图谱技术的进一步应用必不可少。

在金融业务交互场景中，KYC（know your customer，了解你的客户）和 KYP（know your product，了解你的产品）两个过程可以基于知识图谱，将客户和相关的产品快速结构化和知识化。在此基础上，快速针对某一客户的各类需求构建专属的产品组合，实现千人千面的智能产品组合设计，可以辅助销售人员更好地为客户服务。

知识图谱应用领域之三：风险评估和反欺诈。

反欺诈是风控中较为重要的一道环节。反欺诈的难点一方面在于整合结构化和非结构化的多个数据源，构建统一的反欺诈模型；另一方面在于欺诈案件常常采取组团欺诈等新型方式，导致欺诈过程包含的关系网络较为复杂，利用普通的大数据分析难以洞察。

知识图谱作为关系的最佳表示方式，允许便捷地添加新的数据源，还可以通过直观的表示方法有效分析复杂关系网络中潜在的风险。比如，在信贷风控场景中，知识图谱可以将借款人的消费记录、行为记录、网上的浏览记录等整合到一起，从而进行分析和预测。

三、智慧金融的未来展望

随着人工智能各项细分技术的不断成熟，智慧金融生态将不断演进。在各项技术中，联邦学习（隐私计算核心技术）与可解释的人工智能（XAI）在金融领域拥有巨大的潜在应用价值。

（一）联邦学习

近些年来，各国对用户隐私和数据保护的监管日趋严格。继《通用数据保护条例》后，2019 年 5 月 24 日，中华人民共和国国家互联网信息办公室会同中华人民共和国国家发展和改革委员会等 11 个部门起草了《网络安全审查办法（征求意见稿）》，要求网络运营者保护国家、社会、个人在网上的信息和数据安全。因此，人工智能技术在金融领域应用的过程中，如何在不对外泄露用户个人数据的前提下，应用来自不同机构的用户的个人数据进行机器学习，成为亟待解决的问题，联邦学习正是为了解决这类问题而逐渐兴起的。联邦学习框架示例如图 7–3 所示。

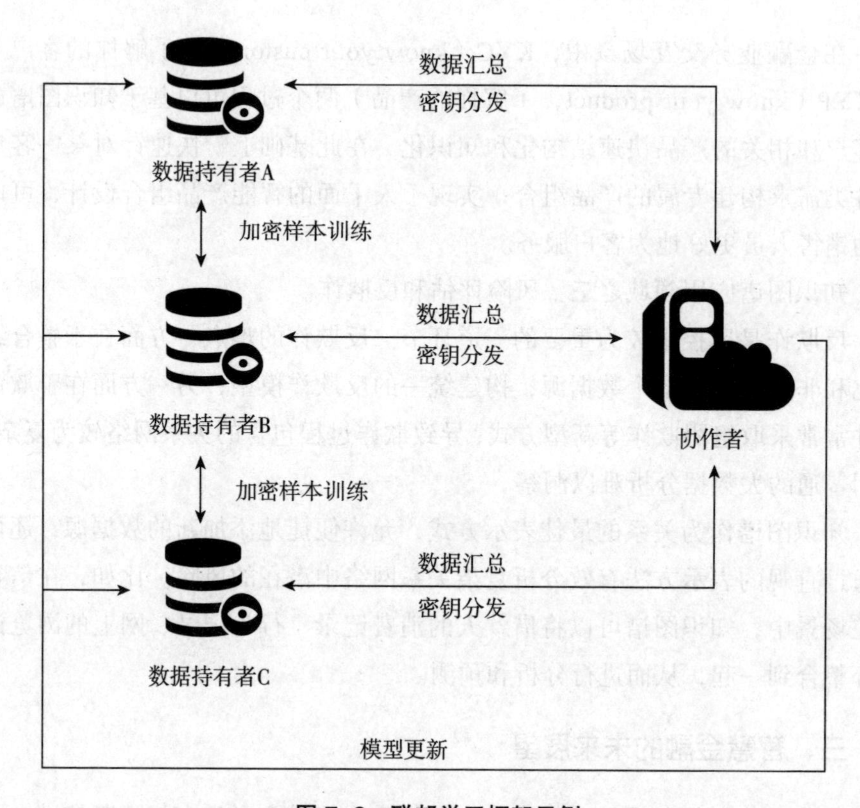

图 7-3 联邦学习框架示例

联邦学习能够有效帮助多个金融机构在满足用户隐私保护、数据安全和政府法规的要求下，利用双方或多方数据实现模型优化。

联邦学习在金融领域应用场景广阔，其中一个典型场景是小微企业信贷。由于小微企业数据匮乏，在通过机器学习算法创建小微企业的信贷风控模型时面临特征维度单一、预测精度不足等问题，难以投入实际应用。联邦学习能够通过联合金融机构的业务数据和其他合规数据源，如税务数据、工商数据、企业关键人数据、电力数据、交易数据和公检法数据等实现维度扩充，联合优化小微企业信贷风控模型，让人工智能技术真正服务于金融领域。

（二）可解释的人工智能

从回归算法、决策树等传统模型，到深度学习等新兴算法，人工智能的复杂性在不断增加，这使得算法决策机制越来越难以被人类理解和描述。

有人断言，人工智能技术难以被理解的原因也正是使它们成为出色预测器的原因。但无论是对于模型的创建者，还是对于模型的最终使用者和监管机构，人工智能的这种复杂性趋势，已经使得其成为一个不可解释的“黑盒”。

但在强监管的金融领域中，人工智能的黑盒模型面临着信任危机，阻碍了其进一步落地应用。因此，近年来对XAI的研究成为人工智能技术的前沿方向。XAI的目的是向技术使用者和监管机构解释人工智能模型所做出的每一个决策背后的逻辑。

XAI相比于不可解释的黑盒算法，其优势在于增加了深度神经网络的透明性，有助于通过向用户提供判断依据等额外信息增强其对人工智能的信任感、控制感和安全感，还可为事后监管、问责和审计提供有力依据。站在当下来看，人工智能技术正使金融行业产生深度变革，智慧金融新业态不断演进，金融机构布局人工智能应用正当时。

领先的金融机构已经在人工智能应用中获取价值红利；更进一步地，将自身应用场景中打磨成熟的技术和产品向外输出，将推动智慧金融不断向前发展。

展望未来，人工智能在金融领域仍有巨大的潜在价值有待发掘，不论是技术应用的广度、深度的提升，还是联邦学习、XAI等新技术的成熟应用，都可能为金融行业价值链带来进一步的变革。

第二节　人工智能与家居

一、智能家居发展概述

国外的智能家居概念发展已久，1901年初，随着电力进入千家万户，各类家用电器开始普及，智能家居的概念开始初步形成。1939年，《大众机械》杂志发表了一篇关于智能家居的学术性讨论的文章，这也是世界上首篇关于智能家居的论文。1965 年，西屋电气工程师发明了 Echo Ⅳ家庭智能中控主机，标志着世界上首个智能家居中控诞生。1966—1967 年，霍尼韦尔公司发明了第一台智能厨房电脑，标志着世界上第一套智能家电系统诞生。1971 年，用于智能家居领域的微控制器和微处理器诞生。四年后，首个针对智能家居的协议——“X10 电力载波协议”开发成功并获得专利。1984 年，世界上首幢智能建筑在美国康涅狄格州建成。1997 年，比尔·盖茨（Bill Gates）建成了世界第一栋智能家居豪宅。第二年，LG 公司推出了世界上第一个可联网的智能冰箱，标志着智能家居产品开始从富豪豪宅逐渐走入大众市场。2010 年，iPod 设计师法德尔（Fadell）设计出 Nest 智能遥控器，首个智能家居单品诞生。2012 年，SmartThings 智能家居无线套装打破了众筹纪录。次年，微软建立了世界上第一个智能家居实验室 Lab of Things。从 2015 年至今，人工智能技术已经发展得相当成熟，“万物互联”的梦想正在逐渐成真。

与国外的情况相比，智能家居在国内的起步较晚。一般来说，1999 年被广泛认为是国内智能家居发展的起始年，此时智能家居仍属于智能建筑电气行业的细分市场，主要应用于别墅、大平层和公共建筑领域。2005—2008 年，智能家居进入细分市场摸索期，市场开始逐渐形成细分赛道，家庭智能音箱、智能窗帘、智能中控、智能灯控等系统开始进入实际应用。2008—2012 年，家电、可视对讲、电器类相关细分领域巨头参与竞争，着力于抢占智能家居新业务领域，智能家居市场进入头部企业参与期。2012—2014 年，各类协议模块、云平台互联企业应运而生，智能家居终端产业进入快速增长期和生态连接繁荣期。2014—2017 年，互联网、手机等企业开始搭建平台式的 Link 生态圈，设备厂家开始全面提及“全屋智能”概念，智能家居进入平台融合期。2017—2019 年，智能家居产品市场进入快速增长期，诸如智能音箱、智能门锁、智能摄像机等智能设备在市场上大放异彩，各类平台和企业之间开始相互融合，相关设备逐渐与平台生态相连接。2023 年，在 5G+AIoT 的赋能下，相关机构预计智能家居的产业形态得到整体的更新换代，适应面更广的底层互联协议已经在逐步生成。①

① 产业调研网 .2022—2028 年中国智能家居市场现状研究分析与发展前景预测报告 [R/OL].（2021-10-11）[2022-12-25].https://www.cir.cn/R_ITTongXun/09/ZhiNengJiaJuHangYeXianZhuangYuFaZhanQuShi.html

纵观智能家居发展历程，大致可以将其分为三个时代，如图 7–4 所示。

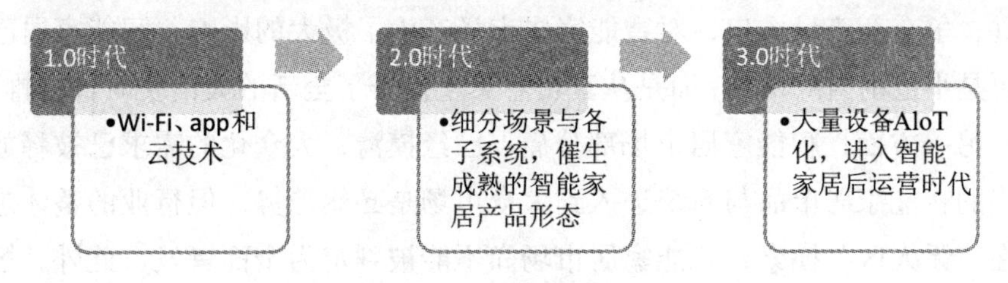

图 7–4　智能家居时代

智能家居 1.0 时代：在这个时期，智能家居产品开始配备无线网络、各类软件以及云技术，同时具备这三项功能的家用产品被统称为智能家居产品。处于这个阶段的智能家居产品的操控平台还比较分散，所配备的功能也不够突出，并且售价不够亲民。例如，萤石公司初期的智能摄像头，统一具备 Wi–Fi 配网、云视频 app 和云存储功能，不仅开启了民用智能监控时代，也成为智能家居 1.0 时代的典型代表。

智能家居 2.0 时代：细分场景与各子系统，催生出较为成熟的智能产品形态，并通过组合进行全宅智能的构建。

智能家居 3.0 时代：基于大量设备 AloT 化，底层与云端互联进一步加深，在用户数据大量沉淀的基础上，开展大数据分析，构建人物画像，实现主动智能，实现后运营时代的瘦终端革命。

二、智能家居产业发展动态

（一）大量企业入局智能家居产业

智能家居产业完成互联生态构建，围绕感知、判断、动作三大层面，行业角色逐步定位清晰，智能家居将融入大家居与泛家居领域发展，从阵营与渠道的参与可以看到此趋势雏形。长久以来，智能产品的分支产品的市场容量都不够大，导致竞争相当激烈，从过去的经验来看，未来几年智能家居的市场还是会以单品领跑的形式存在，但这种模式也面临着一些问题，由于单一品类很难形成垄断类的产品，导致这些品类的头部品牌还是需要依赖大生态平台的资源。

一方面，随着越来越多的千亿级企业入局单品赛道，构筑人工智能核心硬件，争夺新流量入口，对智能家居市场产生了极大的影响，智能家居已经不再是小范围内的市场，而是从真正意义上拉开了全新的大消费时代的帷幕。

另一方面，智能家居市场部分痛点已经摸清，大众化的需求已被释放，更多的智能家居单品与系统进入到大众市场是必然趋势，但行业的整体进程仍在“无人区”摸索，智能家居市场尚不能被判定为全面爆发。此外，智能化安全需求越来越受到人们的重视，智能锁、智能摄像机、智能传感器等爆款产品都是基于安全的需求。智能安防不仅是单品购买与全宅智能的标配场景，也是空间智能化阵营的必争之地。

（二）智能家居正从“全屋智能”走向“空间智能化”

2020 年，智能家居市场正式拉开“空间智能化”元年的帷幕，根据用户的真实需求，刷新行业从控制到用户价值的聚焦点，重塑空间价值场景。“空间智能化”反馈到居家空间内，涵盖协议、产品、场景、体验的优化，拓展办公、酒店等 B 端渠道场景。

全屋智能的概念必须依托家庭的所有空间为平台，通过整合智能家居硬件设备，构建出家庭化的智能管控系统。“空间智能化”更多的是基于场景智能化的智能家居，该概念正在应用到更多的室内环境空间中，以智慧酒店与智慧办公场景为主要拓展场景。

在“空间智能化”的驱动下，企业不再注重控制，而是注重用户场景和生活需求的布局，可操作性已经从 app 扩展到语音，未来将以视觉和传感操控为主，用户场景和生活需求将围绕安全性、舒适性、健康性、便捷性、温馨性等方面进行拓展，其中安全场景将成为家庭必备。

互联网改变了人和信息、人和服务、人和银行、人和人的关系，物联网将扩大人和周边空间、人与万物的联系，使用户可以连接一切。一些行业如地产进入下半场的存量经营时代，围绕“空间智能化 + 智慧社区”进行布局。移动互联网的高速发展催生了一大批信息交流和社区服务的 app，“空间智能化 + 智慧社区”将基于这些产品予以升级，进行更精准的用户需求匹配，实现 1km 内的社区居家服务，嫁接社区内外服务，构筑全服务平台。同时，社区也是党和政府联系、服务居民群众的“最后 1km”，与智能化同条战线下，1km 更是重心中的重心。空间智能化服务如图 7–5 所示。

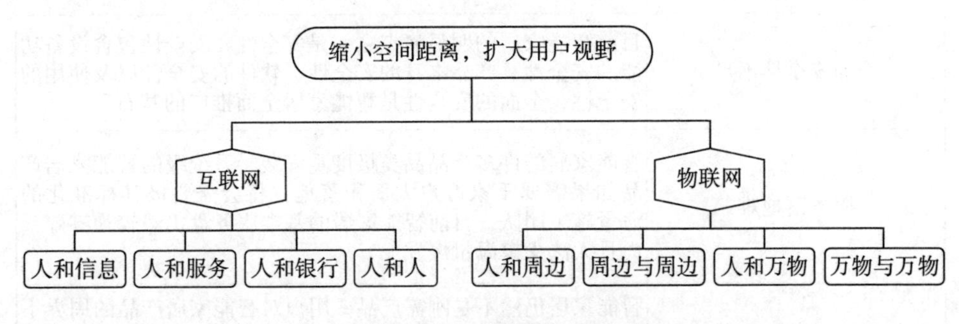

图 7–5　空间智能化服务

（三）智能家居产业面临的发展阻力

虽然如今智能家居产业的发展风生水起，但其想要得到长足的发展仍然面临以下问题：首先，智能家居互联互通性不足，无法做到全面的互联互通，产业链中的设备商、平台方、服务者过于庞杂，消费者在使用不同公司出品的不同产品时需要同时打开多个操作平台，产品便利性差。考虑到产业化、批量化等因素，智能家居产品注定不是为了某一个人而开发，而是针对一批人、一类人的独特需求进行研发和生产。其次，智能家居的十几个子系统中，每个产品品类都缺少顶尖品牌，导致用户对品牌认知度不足，客户在选取产品时仍较为盲目。并且智能家居供应链管理尚不成熟，由于智能家居的系统复杂性以及产品繁杂性，许多产品都是原厂委托设计，导致供应链变得局限化。智能家居还面临芯片国产化程度不足的问题，目前智能家居所使用的底层协议、通信芯片多产自欧美，国内尚无完整的智能家居基础芯片产业链，也没有成熟统一的底层协议标准。没有芯片和协议，无异于空中楼阁；没有芯片和协议的互联互通，无异于缘木求鱼。最后，庞大的设备基数，加之普遍的碎片化及软硬件脆弱性，使得物联网设备攻击成本异常低，攻击趋向规模化且发展迅猛，安全威胁已成为物联网领域常态。智能家居安全接入要求高、整体安全方案缺乏、安全运营困难大、安全标准参差不齐，也使得智能家居的安全与隐私性问题愈加凸显。智能家居产业面临的阻力因素如表 7–2 所示。

表 7-2　智能家居产业面临的阻力因素

阻力因素	具体问题
全面安全性不足	目前智能家居的明显痛点之一是安全性，安全性包含设备功能的安全性、产品本身的安全性、软件的安全性以及使用的安全性，全面的安全性是智能家居全面推广的基石
服务落地难	智能家居的许多产品品类极度重安装，系统级的智能家居产品如果需要千家万户大面积落地，将会需要极其标准化的海量施工团队，目前智能家居的基本服务盘仍然较为零碎，尚且无法支撑海量爆发
用户认知度不足	智能家居仍然不是刚需产品，用户对智能家居产品的周界不熟，对产品的功能痛点不熟，对场景的联动属性不熟，对于生活方式的革新认识不足
基础布线成本高	无论是有线还是无线系统，许多涉及的智能家居产品重安装、重服务、需要破坏装修，消费决策成本高，难以形成购买欲望
场景碎片化	目前家庭内智能家居设备品类较多，产生的场景纷繁复杂，较为碎片化，多为非统一平台的多品牌设备，场景难以形成有效联动
场景体验感不足	基于产品组合的场景，目前主要围绕区域空间进行划分，对于终端消费者来说，一是同一区域内的场景复杂，理解与使用难度大，二是场景的体验对于生活的革新度不足
缺乏大规模可复制方案	尤其是地产全屋智能，急需可以定制化的大规模方案进行快速复制、快速落地、快速推广、快速运营，缺乏大规模可复制方案
大数据离散、非结构性	智能家居海量设备的连接和管理，打破孤岛充分利用数据资源和终端资源，需要在信息收集、信息加工、信息转移、信息生命周期的安全基础上谈大数据，并将离线数据结构化

第三节　人工智能与医疗

在“医疗人工智能”的概念诞生之初，学界对“人工智能是学科还是技术”“医疗的内涵和外延是什么”等问题进行了一场激烈的辩论。随着“医疗人工智能”从概念走向实体，应用场景越来越明晰，各类产品走入目标市场，相关标准及规范相继出台，现在业内对“医疗人工智能”已有较为统一的认知。

一、智能医疗概述

从政策发布的角度来看，2015 年 5 月发布的《中国制造 2025》中，提出把智能制造作为信息化与工业化深度融合的主攻方向。而同年 7 月发布的《关于积极推进“互联网 +”行动的指导意见》中，提出将人工智能作为“互联网 +”的十一个重点布局领域之一。2017 年 7 月国务院发布的《新一代人工智能发展规划》中提出了我国人工智能发展的战略目标：到 2030 年人工智能理论、技术与应用总体达到世界领先水平，成为世界主要人工智能创新中心，智能经济、智能社会取得明显成效，为跻身创新型国家前列和经济强国奠定重要基础。同年 10 月，人工智能写入党的十九大报告，报告提出加快发展先进制造业，推动互联网、大数据、人工智能和实体经济深度融合。

细分领域方面，2017 年 11 月，中华人民共和国科学技术部召开了新一代人工智能发展规划暨重大科技项目启动会。会上宣布了首批国家新一代人工智能开放创新平台名单：依托百度公司建设自动驾驶国家新一代人工智能开放创新平台；依托阿里云公司建设城市大脑国家新一代人工智能开放创新平台；依托腾讯公司建设医疗影像国家新一代人工智能开放创新平台；依托科大讯飞公司建设智能语音国家新一代人工智能开放创新平台。2019 年 1 月，上海交通大学人工智能研究院联合上海市卫生和健康发展研究中心、上海交通大学医学院发布了《人工智能医疗白皮书》，详细解读了人工智能技术在辅助诊疗、医学影像、健康管理等细分领域的情况。在智能医疗领域，国内市场的相关基础条件已经相当完备，虽然还面临数据质量不高、数据和模型的隐私性差、数据模型构建经验不足等问题，但发展势头仍然很足。相关机构下一步将重点开展生理监测、医疗监管智能化、医疗信息交换、数据平台接口、医疗数据质量评价等标准制定工作。

在人才培养方面，2019 年 3 月，中华人民共和国教育部批准全国 35 所高校开设“人工智能”相关的专业，这将为智能医疗领域输送更多的人才。同年7月，华为与复旦大学基础医学院合作开发的“医学人工智能与机器学习”课程在复旦大学进行集中授课。

目前，由工信部发布的《促进新一代人工智能产业发展三年行动计划（2018—2020）》已经正式落地，该计划点出了几个人工智能落地的具体产品，比如智能服务机器人、医疗影像辅助诊断系统等，这些将有助于进一步提高智能医疗水平。

二、智能医疗市场分析

（一）大数据技术激发医疗人工智能新潜力

医疗人工智能技术的早期度过了以数据整合为特征的第一阶段、以“数据共享+较基础算力”为特征的第二阶段。之后，数据质量和数量的爆发以及算力的提升收敛于第三阶段，即目前医疗人工智能所处的以“健康医疗大数据+应用水平的人工智能”为特征的阶段。

在医疗人工智能落地之前，人们往往对其充满疯狂的畅想。然而“人工智能可以提供什么”与“真实世界需要什么”“我们实际能做到什么”之间存在巨大差异。经历了2016年到2018年的概念炒作期，我国医疗人工智能的发展在2016年达到了概念上的巅峰，接着便迅速进入冷静期，市场开始向企业“要结果”，医疗人工智能进入价值验证时期。

健康医疗大数据与人工智能技术的结合大致能分为三个阶段。

第一阶段：整体数据量较小，且数据质量不高，这一阶段的主要任务是进行数据层面的整合。

第二阶段：整体数据量增加，数据的共享机制建立，数据搜集成本下降，算力发展处于较为基础的阶段。

第三阶段：数据维度从院内数据、诊疗数据向院外数据、“运动”及“饮食”等范畴扩展；算法先进性的提升和算力的升级助推了医疗人工智能的发展，深度神经网络等更高级的技术形态开始出现。

（二）大量企业入局智能医疗

“医疗人工智能企业”是所有在业务上与医疗人工智能有关的公司的统称，这些企业可以分为“人工智能 + 医疗”和“医疗 + 人工智能”两种类型。“人工智能 + 医疗”指人工智能企业在医疗领域的业务拓展，“医疗 + 人工智能”指医疗垂直细分场景创业公司以人工智能技术为优势切入市场以及传统医疗企业在业务发展过程中应用人工智能技术。医疗人工智能企业类型如图 7–6 所示。

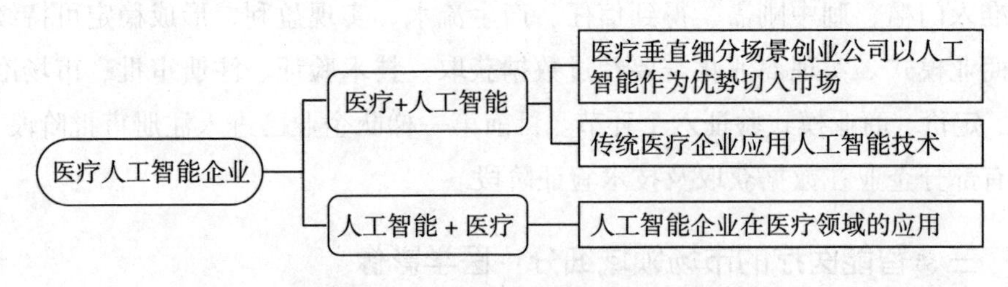

图 7–6　医疗人工智能企业类型

据统计，截至 2019 年 7 月，在我国市场上活跃的医疗人工智能企业共 126 家，与 2017 年的统计数据（131 家）基本持平。其中，开展医学影像业务的企业数量最多，共 57 家；开展疾病风险预测业务的企业数量为 41 家；医疗辅助、医学影像药物研发企业较 2017 年统计数据有增加，多个企业拓展了辅助医学研究业务，因此医学研究领域企业数量有所增加；健康管理、疾病风险预测企业较 2017 年统计数据有所减少。①

目前来看，智能医疗的应用场景与目标市场为多对多关系，其中医院是医疗人工智能企业最多的落地选择。在医疗辅助、医学影像、疾病风险预测、药物挖掘、健康管理、医院管理、医学研究七大应用场景下，企业与目标市场之间并非一对一关系，而是多对多关系。在八大目标市场中，医院把控患者流量、专业人员配置到位、设备水平较高、标准化程度较高且拥有医保支持，因此成为大部分医疗人工智能企业的落地选择。值得重视的是，“第三方独立医疗机构”是一个完整的定义，其包括医学检验实验室、病理诊断中心、医学影像诊断中心、血液透析中心、安宁疗护中心、康复医疗中心、

① AI 报道 .2019 中国医疗人工智能市场大解析 [EB/OL].（2019–08–04）[2023–01–20]. https://www.sohu.com/a/331410451_468636.

护理中心、消毒供应中心、中小型眼科医院、健康体检中心等。从目前情况看，我国对第三方独立医疗机构的监管还处于探索阶段，尚未形成统一规范。在实际工作中，各地根据自身情况，结合当地经济发展水平和社会需求进行了不同程度的尝试。

从实验室中的摸索和试验到实现商业化、流程化生产，这给相关企业带来的问题并不仅仅是场景的变化。除了打磨产品、落地推广，还要跨过较高的准入门槛，刺中刚需、得到信任、产生流水、实现盈利、形成稳定可持续的商业模式。实现商业化需要经过数据获取、技术验证、注册审批、市场准入、定价、商业模式验证六个环节。目前第一梯队企业已进入注册审批阶段，还有部分企业在数据获取及技术验证阶段。

三、智能医疗的市场领域细分：医学影像

智能医疗辅助产品可分为虚拟助理类和辅助诊疗类两种。智能医疗辅助产品如图 7–7 所示。

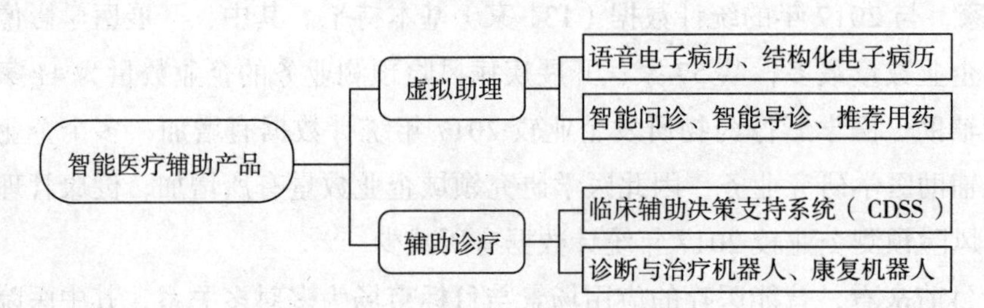

图 7–7　智能医疗辅助产品

虚拟助理是指在医疗领域中的虚拟助理，属于专用（医用）型虚拟助理。其旨在基于特定领域的知识系统，通过智能语音技术（语音识别、语音合成、声纹识别等）和自然语言相关技术（NLP、NLU 等），实现人机交互，解决使用者某一特定需求。虚拟助理产品可以分为两种。第一，病历：语音电子病历、结构化电子病历；第二，导诊：智能问诊产品、智能导诊产品。

辅助诊疗是指为医生疾病诊断提供辅助的产品。辅助诊疗产品可以分为三种：第一，学影像辅助诊断；第二，医学大数据临床辅助决策支持系统；第三，辅助诊疗机器人，包括诊断与治疗机器人、康复机器人。

医学影像是智能医疗市场现阶段的核心目标市场，人工智能医学影像目标市场情况如图 7-8 所示。

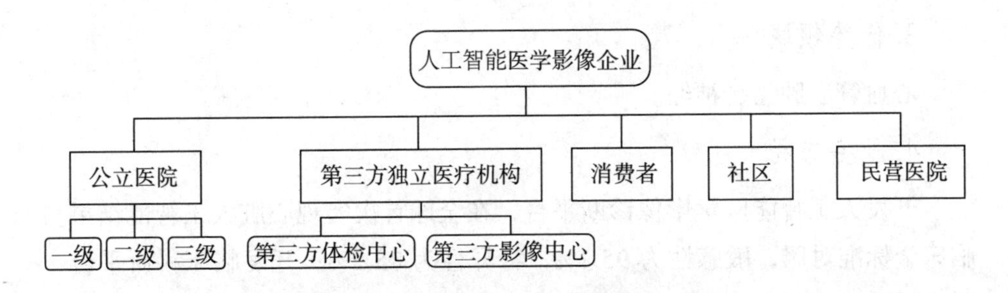

图 7-8　人工智能医学影像目标市场情况

人工智能医学影像企业目前以公立医院为主要目标市场，落地逻辑有以下两种：第一，纵向打通各级医院，从三甲到基层医疗卫生机构按比例分布；第二，横向延伸服务对象，除三甲医院外，在第三方体检中心、第三方影像中心均有落地。

未来，社区、民营医院也将成为人工智能医学影像企业的目标市场，面向消费者（家庭场景）的医学影像辅助诊断产品也值得期待。例如，体素科技在 2018 年推出结合了计算机视觉识别技术与深度学习技术的儿童视力异常检测工具及皮肤病辅助转诊 app，用户通过拍摄、上传儿童异常眼行为的视频或皮肤异常情况的照片，即可得到系统给出的诊断建议。

目前，在医学影像领域发展较好的有以下几家公司。

（一）数坤科技

1. 公司介绍

数坤科技由顶尖人工智能科学家和医疗专家团队联合创立，在全球首个攻破心脏人工智能技术难题，能构建出清晰准确的数字心、数字脑，并对相关部位做出精准诊断。数坤科技还推出了覆盖心脏、神经、肿瘤的多病种人工智能影像平台，让医生的诊断和治疗的效率提高了 5 倍以上，已覆盖全国各省头部三甲医院，实现了科室高黏性使用。

2. 核心产品

加菲医生影像诊断平台、加菲智慧云平台。

3. 优势领域

心血管、肿瘤、神经。

4. 业务布局

开发人工智能医学影像诊断平台，在全球首次实现心脏人工智能结果与临床金标准对照，敏感性为95.1%，特异性为85.2%；开发临床科研平台，联合医院推进科研产出；搭建医疗智慧云平台，在大医院、基层医院分别部署私有云、公有云、混合云，三轮联动，构建疾病全周期服务闭环。

5. 业务模式

以全国省级头部三甲医院为现阶段落脚点，推出特色“深度合作”模式：工程师直接进驻科室，实时反馈调试。未来将实现落地医院级别逐步下沉，渗透至基层医疗卫生机构；覆盖危重疾病，构建链接政府、医院、患者的疾病分析管理体系；全病程延展，从诊中（辅诊）切入，业务向前拓展至诊前（健康管理），向后拓展至治疗（手术影像）。

（二）上工医信

1. 公司介绍

上工医信成立于2014年，专注于为眼底筛查和慢性病管理提供专业的人工智能技术服务。其业务布局包括人工智能医疗产品、医疗服务平台、医疗数据中心建设三个方面。

2. 核心产品

糖尿病视网膜病变人工智能自动筛查产品“慧眼糖网”、AutoEye智能眼底图像分析平台、SG-DCSmart糖尿病及并发症智慧管理平台。

3. 优势领域

眼底图像智能分析技术、眼科及糖尿病等慢性病管理平台建设。

4. 业务布局

上工医信业务布局如图 7-9 所示。

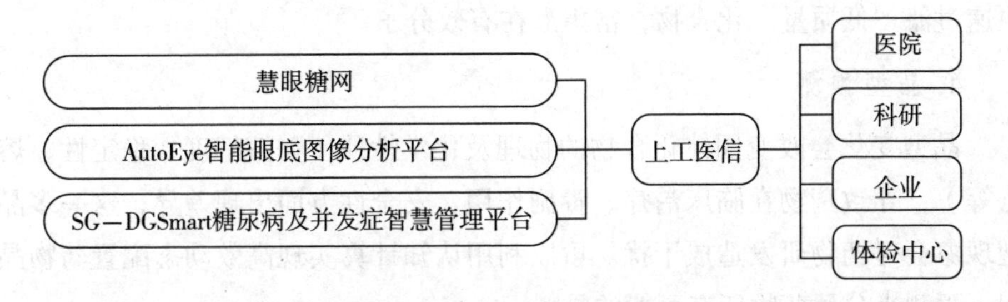

图 7-9 上工医信业务布局

四、智能医疗的市场领域细分：药物研发

（一）药物研发简述

药物研发可分为新药发现、临床前研究、临床试验、新药上市四个主要阶段，每个阶段又存在多个细分场景。利润高、收益可观让这一行业具备长久的吸引力，然而药物研发领域的三个痛点又是业内公认的、困扰国内外药企的共同难题：研发时间长，研发费用高，成功率低。目前我国的药物研发现状与国际水平相比还存在不小的差距。

人工智能技术可应用到药物研发场景的以下几个环节。

1. 靶点发现

利用自然语言处理技术检索分析海量的文献、专利和临床试验报告，找出潜在的、被忽视的通路、蛋白和机制等与疾病的相关性，从而提出新的可供测试的假说，以发现新机制和新靶点。

2. 化合物合成

利用机器学习（或深度学习）技术学习海量已知的化学反应，之后预测在任何单一步骤中可以使用的化学反应，解构所需分子，得到可用试剂。

3. 先导化合物研究及化合物筛选

利用机器学习（或深度学习）技术学习海量化学知识，建立高效的模型，快速过滤“低质量”化合物，富集潜在有效分子。

4. 晶型预测

晶型变化会改变固体化合物的物理及化学性质（如溶解度、稳定性、熔点等），导致药物在临床治疗、毒副作用、安全性方面出现差异，这一多晶型现象会对药物研发造成干扰。可以利用认知计算实现高效动态配置药物晶型，预测小分子药物所有可能的晶型。

5. 临床试验设计

利用自然语言处理技术检索过去临床试验中的成功和失败经验，避免临床试验方案出现常见的遗漏、安全等问题。

6. 患者招募

利用自然语言处理技术提取患者数据，为临床试验匹配相应患者。

（二）药物研发的商业化

2007 年，机器人亚当（Adam）发现了一种酵母基因的功能，这被认为是人工智能应用于药物研发领域的历史性事件。通过搜索公共数据库并学习后，亚当提出了关于酵母基因功能的 19 种假设，后被证实其中 9 项是正确的创新假设。据 CB Insights 统计，目前全球共有 138 家人工智能药物研发初创企业，美国拥有 86 家，数量最多；其次为英国及加拿大，以色列、日本、韩国也有企业分布。[1]

罗氏与 Linguamatics 合作开发自己的人工智能平台——Artemis。据罗氏统计，使用人工智能平台后每次搜索可节省 10 000 美元，相当于每年 200 000 美元的等值全天费用。TechEmergence 数据显示，人工智能可以将新药研发的成功率提高 16.7%，人工智能辅助药物研发每年能够为药企节约

① 火石创造 .AI+ 药物研发市场发展现状及趋势探讨 [EB/OL].（2020-09-11）[2023-01-21].https://view.inews.qq.com/k/20200911A032L600?web_channel=wap&openApp=false.

540 亿美元的研发费用，并在研发主要环节节约 40% 至 60% 的时间成本；这将为企业带来不菲的商业价值，并对药价下调、节省医保开支带来积极影响。①

该领域的国内企业较少。据亿欧智库不完全统计，我国有 10 家初创企业涉足人工智能 + 药物研发领域。其中 6 家提供药物研发领域人工智能解决方案，即提供人工智能技术支持，作用于药物研发的一个或多个环节；4 家提供药物研发智慧大数据平台服务，利用数据挖掘（包括抓取、清洗、分析多个技术环节）技术，减少药企早期研究的时间及成本。②

根据国际智能医疗商业化经验，人工智能药物研发公司在技术方面颇有研究，但通常不具备大量数据库。大型药企在数据方面有深厚积累和体量优势，迫切需要新技术以实现节本增效。因此执行“合作项目”对双方来说是互惠互利的。过去 10 年间，全球药企巨头均有与人工智能药物研发初创公司在某一场景合作的案例。默克、葛兰素史克甚至与多个初创公司合作，在多个细分场景应用人工智能。近年来第三方药物研发机构（如 CRO）逐渐兴起，人工智能药物研发公司同样也为这类机构提供各细分场景的技术支持。

国内的智能医疗商业化发展态势目前也稳中向好，我国该领域的部分企业已经为跨国药企、国内一线药企、国内中小药企提供服务，服务形式包括 SaaS、本地部署、战略咨询等。

---

① 数字城市云课堂 .“AI+ 生物医药”加速新药研发，助力医疗数字化变革，支撑算法算力创新 [EB/OL].（2022-07-15）[2022-12-14].http://news.sohu.com/a/567662596_121432699.

② 靳虹博 Boreo. 亿欧智库重磅发布《2019 中国医疗人工智能市场研究报告》[EB/OL].（2019-07-26）[2022-12-15].https://www.iyiou.com/analysis/20190726106370.

第四节　人工智能与安防

一、智能安防概述

（一）智能安防概念界定

人工智能对社会发展的影响大致可以归纳为三个角度：第一，突破和提升了计算能力；第二，人工智能技术作为辅助手段提升了生产效率；第三，提升了居民生活品质。随着人工智能的不断发展以及在各行各业的扎根，各种“互联网 +”“人工智能 +”企业不断成立，在“互联网 +”以及“人工智能 +”的各类应用中，应用范围最广的无疑是智能安防。

智能安防和以往的监控技术有本质的区别，其主要采用计算机视觉识别方法，在几乎不需要人为干预的情况下，通过对摄像机拍摄的图像进行自动分析，对动态场景中的目标进行定位、识别和追踪，并在此基础上分析和判断目标的行为，从而做到既能完成日常管理又能在异常情况发生时及时做出反应。人工智能与安防的联系如图 7-10 所示。

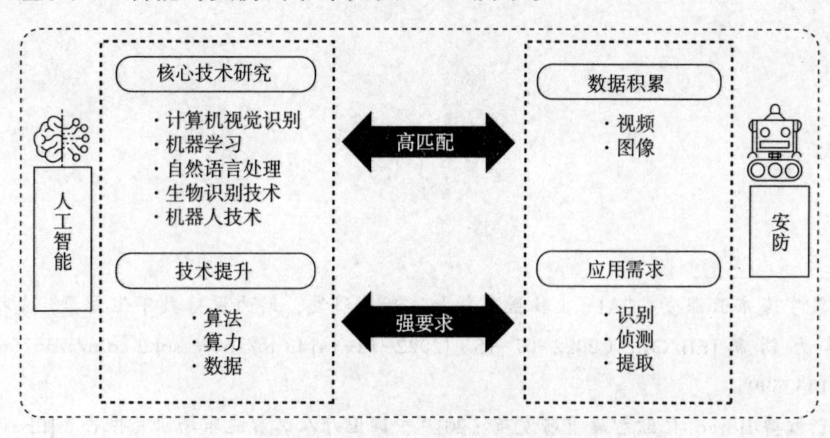

图 7-10　人工智能与安防的联系

（二）智能安防市场潜力

从智能安防技术的产品形态层面来看，智能安防应用到的人工智能技术主要分为两类，分别为云端智能和前端智能。在该领域，人工智能主要被应用于车辆、人员、行为和图像分析中。

从安防企业的相关业务方向来看，智能安防主要应用在家庭、社区、城市三大领域中。随着我国道路交通基础设施建设步伐的加快，智能交通系统（ITS）逐渐成为交通运输行业关注的焦点。近年来，国内智能交通管理市场规模不断扩大。其中，公共交通安全领域备受关注，该领域发展相对成熟，上市企业数量最多。

从资本市场来看，我国“人工智能 + 安防”领域的市场规模巨大。安防是人工智能技术落地应用较为领先的领域，并且我国安防应用市场涉及公安、交通、家庭、金融、教育等极其丰富的应用场景。此外，安防项目是集产业、技术、模式、资本、服务为一体的复杂系统，涉及前端采集、存储、传输、管理、应用多个产业链条。因此，“人工智能 + 安防”领域的技术和市场可发展空间较大。

多家企业迈向资本市场，安防产能稳步提升。制约安防产品发展的一大因素就是研发资金的压力，上市成为各大公司解决这一问题的主要手段。我国各领域典型的智能安防技术公司如表 7–3 所示。

表 7–3　我国各领域典型的智能安防技术公司

领　域	公　司
公　安	捷尚视觉、华尊科技、安软科技、数尔安防、大华股份、浩云科技、眼神科技
金　融	格灵深瞳、信长城、大华股份、广电运通、中威电子、商汤科技、依图科技、深醒科技、平安科技、眼神科技、云丛科技、微模式
教　育	智慧眼、浩云科技、眼神科技、深醒科技
社　区	蓝卡科技、东方网力、安居宝、宇视科技、特斯联、深醒科技、高创保安、眼神科技

续 表

领 域	公 司
家 庭	海康威视、瑞为智能、涂鸦智能、钜士安防、启英泰伦、地平线机器人、聪普智能
交 通	宇视科技、浩云科技、中威电子、广电运通、寰景信息、博云视觉、中星微、格灵深瞳、智慧眼、数尔安防、商汤科技、依图科技、云从科技、云天励飞、眼擎科技、探境科技、千视通、大道智创、驭光科技、文安智能、臻识科技、中维世纪
机器人	启英泰伦、优必选、云天励飞、地平线机器人、大道智创

（三）智能安防发展历程

智能安防技术的发展可大致分为以下几个阶段：

1979—1983 年，模拟监控阶段。在这一阶段，相关的设备主要出自日本，日本几乎实现了对摄像机领域的垄断。技术层面，此时监控系统由前端的模拟摄像机、后端的矩阵磁带录像机和 CRT 电视墙构成。

1984—1996 年，数字监控阶段。在这一阶段，市场竞争形式开始改变。在过去，由于日企的垄断，市场的竞争主要集中在龙头企业的代理权。而随着其他大企业的加入，市场竞争开始转向品牌价值、品牌广告与组织生产线的竞争。技术层面，数字化技术开始应用到监控系统，在图像处理，图像存储检索、备份以及网络传输和远程控制方面的性能明显优于模拟监控设备。

1997—2008 年，高清化、网络化监控阶段。在这一阶段，智能监控市场由单一的视频监控开始过渡到视频监控与客户应用系统的融合。技术方面，此时的监控系统结构更加复杂，能够满足车牌识别、人脸识别、事故分析、过程监控以及智能化监控等需求。

2009—2012 年，智能化监控阶段。在这一阶段，安防监控行业由信息获取阶段进入信息使用阶段。在技术层面，安防应用由事后的调查取证向事前的分析、总结、预警、演练、跟踪、指挥、调度、协调、配合、沟通等方面扩展。

2012 年至今，智慧化监控阶段。在这一阶段，视频结构化技术改造了传统视频监控系统，形成了新一代的智慧化、语义化、情报化的语义视频监控系统。在技术方面，已经有了将现有视频监控网络升级到智能化程度更高的智慧化视频监控系统的趋势。

智能安防技术发展历程如图 7–11 所示。

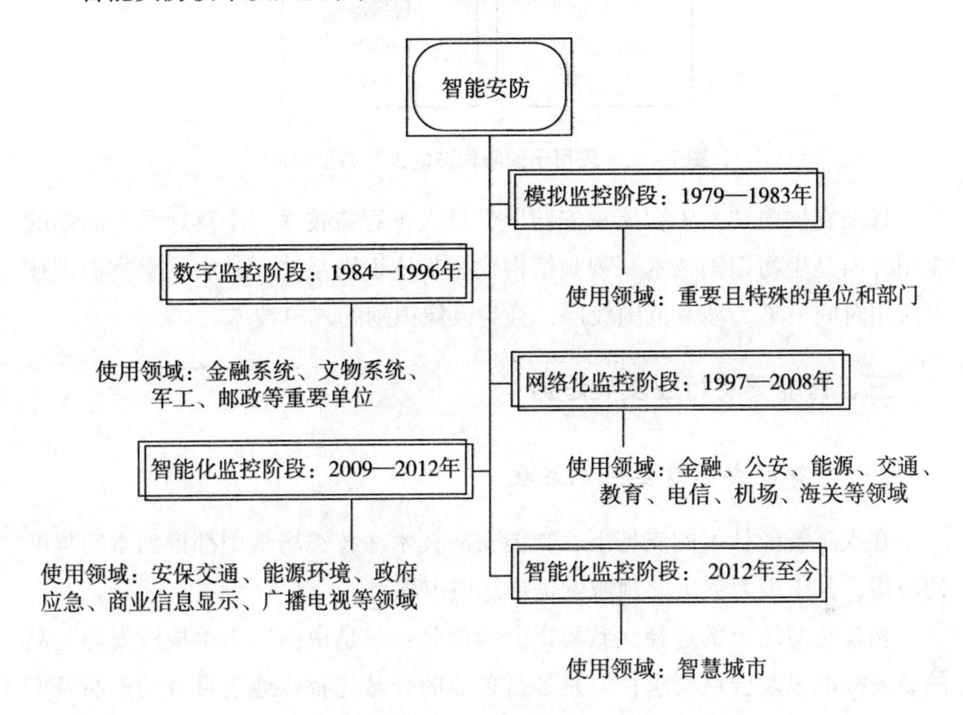

图 7–11　智能安防技术发展历程

二、智能安防行业发展现状

随着人工智能技术与安防领域的结合愈发紧密，人工智能技术已经应用到上游模组、芯片、中游识别入口等领域。目前，应用于安防领域的人工智能技术包括大数据、云计算、物联网、生物识别、图像识别、物体识别、文本处理、建立模型、语义理解、制动器、智能终端，等等。应用于安防领域的人工智能技术如图 7–12 所示。

图 7-12　应用于安防领域的人工智能技术

目前在国内“人工智能＋安防”领域人工智能技术三个落地到产品端的应用方向是生物识别技术、视频结构化和物体识别系统。其中，生物识别技术应用时间最早，涉及范围较广，且为人像识别的入口技术。

三、智能安防行业发展趋势

（一）智能安防需要纵深发展

在人工智能技术的支持下，智能安防技术在各类场景中都得到不同程度的应用，其中最为突出的领域就是智慧城市项目。

构建智慧城市的途径大致可以分为两类：一是由国家出手构建安防产品的研发标准以及合格要求；二是各行各业的智慧化企业通过自身的产品及渠道优势拿到行业内的数据。例如，交通、公安、金融、家居等领域，数据大都处于零散的状态，形成了一个个的数据孤岛，需要有一个统一的标准将这些数据打通、融合，然后才能真正地产生作用。

智慧城市的核心是数据，“人工智能＋安防”的部署需要分成三步：第一步是从前端部署实现数据的采集，获取高质量的、有效的数据，并提高安防设施的利用效率；第二步是政府和企业协同，实现“人工智能＋安防”场景落地；第三步是将数据打通，实现不同的场景都能够通过场景化的安防解决方案实现数据的互联互通。随着人工智能时代的到来，安防厂商看到了从“人工智能＋安防”到智慧城市的发展路径，市场空间也随之打开。

（二）智能安防应用场景广泛

随着社会的不断发展，人与人的联系越来越紧密，人们对于自身安全的要求也越来越高，在计算机技术快速发展的今天，智能安防无疑是人们居家出行必备的保障技术。由于智能安防应用场景众多，公共交通、民用安防、智能楼宇、工业园区等场景需求又各不相同，因此分析与满足不同客户的不同需求十分必要。

为了保障居民安全，执法部门需要在巨量的视频监控信息中整合、提取有关信息；交通警察需要能够跟踪高速运动物体的技术，来抓捕那些违反交通规则的驾驶员；金融行业用户迫切需要识别欺诈电话、保障支付安全，建设涵盖机房环境监控、出入管理、巡检管理的应用系统。

以民用安防为例，在民用安防场景中，每个用户都极具个性化，因此利用人工智能为每个用户提供差异化服务，满足人们日益增长的服务需求是非常重要的。例如，在智能家庭安防的技术下，人们可以通过屋外的摄像头观察门口的状况，就算家中没有人，智能安防系统也可以通过互联网发送信息进行预警；智能门锁可以采用密码、指纹 、蓝牙、声音等多种方式解锁，减少被撬锁、丢钥匙等风险；智能门铃则可以通过红外探测和摄像头记录楼道和门前经过的行人，利用标签识别家人，还可以通过语音对讲等功能降低老人和小孩独自在家的风险。

以智慧园区为例，作为在智能安防领域刚刚起步的概念，从其基础设施建设来看，智慧园区在安全方面的防护技术应用主要是智能摄像头、传感器、人脸识别，其只能对几个重点区域进行监测，难以覆盖整个园区，导致传感器与监控设备的监控覆盖率较低。可以通过进一步完善传感器与摄像头的预警系统，进一步提高园区的安全等级。

以智能建筑为例，安防技术在智能建筑中的应用体现在安全与消防方面。在智能建筑设计施工中，消防安全工程、安防工程建筑等已经成为常规建设内容。人工智能建筑安防系统一方面由视频监控系统进行整体布控，另一方面由智能报警系统进行保障，利用各类检测和监控技术，提升建筑安全性能。借助视频监控系统，智能建筑消防系统能够实现对建筑体运行状态的检测，并完成对各消防子系统的集中监控，实现集中管理和协调控制。各个场景中

“人工智能＋安防”系统和设施的应用，都是为了更好地满足人们工作、学习与生活的需要。在物联网、大数据、云计算等技术的支持下，“人工智能＋安防”企业还需要继续探索发展机遇，立足于用户需求，在产品技术和经营模式上不断创新，实现可持续发展。

四、智能安防发展瓶颈

（一）人工智能技术尚未完全成熟

在实际应用中，人工智能应用场景相当复杂和多变，现有技术的识别精准率受诸多因素影响，若未能精准识别，很可能会导致误判。

以“智能安防”中应用最多的人脸识别技术为例，目前人脸识别准确率较高，但在实际应用中算法偏见、遮挡、光线、特殊表情等因素会提升误判可能性，仍有很大提升空间。生物识别技术中的指纹识别、虹膜识别、指静脉识别、声纹识别也均有其应用的短板需要不断精进。除实物识别准确率外，数据的识别、传输与处理也面临着不小的挑战。

智能安防有特定的场景要求，其前端设备只有在特定场景下才能保持较高的识别率，识别出后需要将大量视频数据传输到云中心，这对网络带宽提出了很高的要求。市场上大多都是通用型人工智能芯片，而针对某些场景的专用人工智能芯片较为匮乏，人工智能场景化落地的迫切性越来越高。当前“人工智能＋安防”算法、产品及解决方案以企业标准为主，基于生物识别技术的识别精度和大数据的应用安全问题，亟待建立面向实战的行业级标准。

（二）智能安防产品普适性差

“人工智能＋安防”发展过程中，“碎片化”现象始终存在。越来越多的厂商也意识到碎片化的应用场景是人工智能落地过程中不可跨越的问题。

安防场景碎片化导致的问题：用户不集中、应用与产品都很分散、销售工作难度大、解决方案和服务都依据不同区域不同客户进行定制，要完成从满足客户碎片化需求的开发响应到快速交付能力的建设，过程较为复杂。并且由于产品是定制的，而每一个个体用户的使用需求又不尽相同，导致智能安防产品不具备优良的普适性。由以上可见，安防项目整体研发和执行周期长、产品和服务方案的复用率几乎为零，单个项目成本高。因此，当前业内厂商普遍都比较期待人工智能项目标准化的尽快到来，标准化建设将在一定程度解决碎片化的痛点，让项目交付更为简便。

当前人工智能的产业链条涉及从基础算法模型、基础硬件、基础产品、行业应用、场景应用、解决方案到应用交付的不同环节，鲜少企业能够独立打造出完整的产业链，因此分工协作共同解决用户需求，提供端到端的解决方案成为当下新的流行趋势。

第四篇　未来发展篇

第八章　大数据与人工智能的发展

人工智能和大数据技术的不断发展为社会带来了深刻的变革，虽然如今的计算机和互联网技术已经高度发达，并且与社会运行的各个环节深度绑定，但其仍处于技术发展的成长期，还远远未达到技术饱和的阶段。人们仍然对大数据和人工智能能够在何种程度改变世界有丰富的畅想和期待。

第一节　大数据未来发展趋势与诉求

一、大数据发展趋势

趋势一：大数据与人工智能的结合越来越紧密。

大数据与人工智能虽然目前是两个独立的学科。但二者均与计算机、数学（特别是统计学）有密切的联系，问题空间也有一定的重合度。近年来，人工智能已经成为推动大数据发展的核心驱动力，例如为了应用人工智能技术而借助大数据的理论和方法进行数据管理，或者为了挖掘数据的价值而借助人工智能技术进行数据分析。相信随着应用场景的拓展，二者之间的界限也会越来越模糊。

趋势二：大数据处理多样化模式并存融合，基于海量知识仍是主流智能模式。

在大数据处理模式方面，批量计算、流式计算和内存计算等多种大数据计算模式将同时存在，一些技术将趋于融合。现实中的需求是多样化的，不同业务场景中数据的量级、产生的速度、对时延的容忍度、计算的模式(历史、近线、实时)等差异巨大，这就需要有多样化的模式满足差异化的需求。

在数据工程领域，知识是更高层次的数据，海量知识来源于对海量数据的语义挖掘、信息抽取和知识库构建。通过从数据中提炼信息和知识，可以消除原始数据中的不确定性，补充信息的上下文，降低特定问题搜索空间。在海量知识的基础上进行检索和推理，是当前各类“智能助手”背后的核心技术，这也是未来大数据的发展方向。

趋势三：多学科融合与数据科学兴起

大数据技术是多学科多技术领域的融合，这种交叉融合催生了数据科学的产生和兴起。可以看到很多数据相关的专门实验室、专项研究院所相继出现，许多高校开展了以数据技术及应用为特色的学位教育，数据科学作为一门新兴学科得到了持续发展。

数据科学的发展，回过来又促进了多学科的融合。许多学科研究的方向表面上看大不相同，背后却有相同的数据科学和计算科学的基础。例如医学和语言学是两个完全不同的学科，但如果在大数据的基础上借助人工智能实现智能诊疗和机器翻译，所采用的底层技术很大程度上是相通的。预计未来许多前沿学科的发展，都要依赖于本学科领域知识、数据科学与计算科学之间的融合。

趋势四：开源将成为大数据技术生态主流。

大数据技术生态是伴随着 Hadoop 的开源起步的，预测开源会继续成为技术生态的主流形式。开源技术的蓬勃发展，大大降低了大数据的应用门槛，有力推动了基于大数据的业务模式在各行各业落地，也给传统数据管理厂商带来了严峻的挑战。

目前，大数据生态圈的发展势头迅猛，每当现有的技术不能满足新的应用模式时，总会产生多个与之相关的开源项目，从而带动新一轮的技术升级。在参与者方面，专业大数据企业、互联网企业、高等院校、科研机构，乃至某些政府机构和部门，都成了开源软件的贡献者。另外也可看到，来自中国的开源软件及贡献者越来越多地进入了全球大数据生态圈，也促进了大数据技术在国内的发展。

趋势五：对基于大数据进行因果分析的研究得到越来越多的重视。

大数据时代“一切皆数据”，被数字化的事物和流程越来越多。利用统计方法对数据进行相关性分析，成为科学决策和预测的重要手段。然而相关性不等于因果性，许多在统计上具有强相关性的事物，在逻辑上并不存在直接或间接的因果性。如果无法分析出相关性背后的因果关系，不考虑结论的可解释性，必然会影响决策的质量和应用范围。例如，利用医疗大数据和人工智能算法，深度神经网络对病理图像处理的准确性已经达到甚至超过普通医师，但受限于深度学习的黑箱特性，目前仍然无法用深度神经网络取代医师的诊断结论。因此，对数据中的因果性和对结果可解释性的研究，将会受到更多的重视。

趋势六：数据融合治理和数据质量管理工具成为应用瓶颈。

数据融合技术是多源信息协调处理技术的总称，数据治理是运用不同的技术工具对大数据进行管理、整合、分析并挖掘其价值的行为。数据融合治理是大数据应用的基石，如果数据在融合中存在属性偏差或信息损失，或者融合后的数据质量低下，上层应用的价值将无从保障。在行业大数据应用实践中解决了数据有无问题后，对数据质量的管理将会成为最迫切的挑战。目前业界还缺乏通用、有效的数据融合治理与数据质量管理工具，这将成为大数据应用向深层次发展的瓶颈。

二、大数据发展诉求

（一）技术和法规同步发展，打破数据孤岛

数据流通效率低一直是大数据发展过程中面对的主要问题。每个机构或者个体用户都对他人的数据库感兴趣，但同时这些机构或个人出于自身利益考量又不愿意将自己的数据提供给别人，这就得信息资源的共享存在天然的屏障。同时，过去信息系统的建设是从构建分享窗口开始的，数据缺乏互操作的技术基础。大数据在很多的领域没有达到预期效果，造成这个现象的重要原因就是数据的碎片化、割裂化。为了解决这个问题，我们需要将更先进的制度与技术配套。近年来，促进开放数据共享的政策措施不断被提出，但

最终所实现的效果仍达不到预期。未来，如何实现同态加密、差异隐私、多方安全计算合作等技术，将是大数据技术是否能得到进一步发展的关键。

（二）从内而外地对数据库进行治理

根据相关的调查结果，在进行数据分析的工作时，80% 的数据分析时间和精力通常被用于对数据进行收集、整合和处理。数据质量的好坏会极大地影响到数据分析的效果，如果数据质量过差，甚至会使分析结果产生错误。大数据技术在一些领域的应用效果并不好，其原因多半都可以归咎于数据管理。虽然每个用户都认可大数据是某种程度上的资产，甚至认为有一天它们会被当作真正的资产使用。然而，数据资产的管理建设远不如大数据分析和挖掘技术的前景那么光明，就像城市的“下水道工程”一样，对于这类基础设施的构建短期内只有投入，而没有足够的产出。但从长远来看，大数据的治理必须在战略层面上得到重视，只有打好地基，才能完成对高楼大厦的建设，一旦基础设备存在问题，返工的成本是巨大的。未来，随着每个企业都向着数据驱动型企业靠拢，数据资产管理的基本操作应该尽快完成。与此同时，全行业的数据治理也应该被提上议事日程。例如，银行业和金融机构在金融业数据治理方面的指导已经完成了整个行业数据治理的顶层设计，为行业数据融资奠定了坚实的基础，为其他行业的数据治理打下了良好的开端。

（三）大数据技术与相关应用发展实现平衡

虽然大数据技术的应用已经在各个领域都取得了很大进展，但行业本身与大数据融合间存在的不平衡问题仍然较为严重。目前，大数据在互联网、金融、电信等领域产生了实实在在的效益，其医疗和工业领域的应用也在加速发展。但总体来说，大数据在整个社会业态上的应用只能说是走了半步，大数据在大部分情况下起到的是“平行替代”或“补足缺点”的作用，远未达到与某个技术实现“深度融合”的阶段。例如，在金融和电信行业，我们通常只使用 Hadoop 和其他工具来重建原始昂贵的数据仓库。大数据在政务、医疗、工业等领域的应用大多是“补足缺陷”，即在业务系统之外构建一个新的缺失数据平台。客观地说，这个阶段是许多行业的“必由之路”。现阶段，要鼓励大数据技术企业不断提高大数据平台和应用的可用性和操作便利性，优先支持传统企业的产品、服务和解决方案开发，简化大数据底层烦琐复杂的技术，并促进大数据应用程序的部署。随着这些“替代品”或“补课”的深入推广，业务与数据的融合将进一步深化，新的数据驱动模式和新的业务模式更值得期待。

（四）对大数据技术的监管要进一步加强

无论如何，对数据安全的保障是大数据技术发展永远不能脱离的问题。目前来看，国内的大数据技术发展虽然在世界上处于领先地位，但对大数据安全的保障做得仍然不够到位，我们的大数据安全体系建设远远没有完成。一方面，政府应该加强大数据技术方面的法律建设，加速相关政策的出台和落地，加强对重要基础设施和关键领域的法律监督，尤其是个人信息保护方面。另一方面，相关互联网企业需要重视行业的自律。由于数据“寡头”的形成不可避免，一些大型企业拥有的数据涉及众多用户的信息安全，这就要求企业加强自律。从政府角度看，要积极适应并努力引领新变化，加强政策法规和法律的整体协调，动态优化政策法规体系，积极营造大数据健康发展的良好环境。

（五）建立系统、全面的大数据治理体系

作为数字经济发展的核心环境，大数据技术为信息技术产业和深度信息赋能的传统行业提供了坚实的基础。从一个更高的视角看，大数据技术的治理要从国家、企业、社会三个层面来考虑。在一国范围内，大数据治理体系建设涉及国家、行业和组织三个层面，治理的角度应该包括资产保护、管理体制建立、技术共享、用户权益保障。

在国家层面，重点是明确数据资产状况在法律法规和监管层面的地位，奠定数据所有权、流通权、交易权和保护权的基础，制定政策、规章和标准，促进数据共享和披露以及政府数据和行业数据的综合应用，颁布数据安全和隐私保护方面的法律法规和政策，以确保国家、机构和个人数据的安全。在政府部门层面，重点是加快推进政府数据集中统一监管工作，完善政府数据平台建设，加强数据基础设施建设，推动电子政务与大数据分析技术融合，开设政务云服务试点。在行业层面，强调在国家相关法律法规的框架下，充分考虑行业和企业共同利益以及长远发展，建立行业组织和数据控制体系，

规范行业数据管理，制定行业数据共享开放的规则和技术规范，推动行业数据的共享、交换和综合应用。在组织层面上，重点是提高企业管理数据全生命周期的能力，促进数据在企业内部和企业之间的流动，提高数据的流动性，确保企业数据安全、客户数据安全和隐私信息不被窃取。

数据治理体系建设上实现对数据共享、开放是其前提条件，这在现阶段尤其重要。在平衡公开数据共享与隐私保护与资料保障时，要突出优先运用和安防并重，不要孤立看待数据共享开放、数据的使用和权益主体的权利，必须进行综合性的考量。比如，集中化的数字管理虽然会带来安全问题，但是一体化的数据可能产生价值。一定时期集中力量是大势所趋，这对建立较强的防护机制更加有利。当然也要考虑加强隐私保护，研发保障数据安全的新科技。目前，安保方对数据中所包含的敏感信息进行研究开发，并在技术方面进行了同态协调加密，希望让所有有数据需求的各方都能在数据不会向其他组织或者个人发布的情况下，实现数据的集成利用。这几项科技仍处在初级发展阶段，其应用前景广阔，受到了市场的极大关注。

在数据治理体系建设方面，数据共享开放是大数据平台建设的前提条件，尤其是在现阶段，其重要性较为突出。在平衡数据共享开放和隐私保护两个问题时，仍需要强调遵循先行、安全并重的原则。数据共享开放不应被单独看待，仍需要综合考虑使用数据的场合和数据主体的权益等因素。例如，数据的集中管理可能会带来保存方面的安全问题，但是巨量数据只有整合才会产生价值。多元数据的融合或许会引发信息泄露，但在风险被确定之前，是否要因为数据不安全的“可能性”而拒绝技术的运用？数据脱敏仍可能存在隐私泄露风险，是否允许个人在知情的前提下“用隐私换取方便”和“用隐私换取健康”？是否允许使用符合当前“标准”，但不能保证未来一定程度上不出现信息泄露的脱敏方式，并对相关应用予以免责？当然，加强对隐私保护、数据安全和数据流动性等方面的新技术研发也是十分必要的。目前，安全多方测算、同态加密、联邦学习等技术的研发，旨在让有资料的各方在不向其他组织或个人公开资料中所含的敏感信息时，能够实现数据的融合利用。尽管这些技术目前尚处于初级发展阶段，但由于其广阔的应用前景而获得了很多的关注。

此外，打破信息孤岛、盘活数据存量是当前大数据发展的当务之急，在这个过程中不能太强调物理集中性，而要把逻辑互联作为打通信息“孤岛”的手段，先行先试。在数据共享体系建设中，需要在一定层面构建物理分散化、逻辑统一化、管控可信化和标准一致化的政务信息资源共享交换体系，明确职权和责任分配方式，即数据应用部门提出需求、数据拥有部门响应，交流平台管理部门保留流转。同时，集约化政务云建设正成为政企建设新型信息系统的首选方案。如何在新一轮建设热潮中从规划、立项审批、施工、审核等环节以及方案引导、标准规范和技术支撑等多个环节给予全方位保障，尽量避免新的数据“孤岛”产生，是当前必须解决的问题。

（六）以开源为基础构建自主可控的大数据产业生态

在大数据时代，软件开源、硬件共享是技术领域大方向上的趋势，掌控开发生态已然成为国际上相关产业竞争的焦点。一方面，我国政府鼓励相关企业积极“参与融入”国际成熟的开源社区，争取话语权；另一方面，相关技术人员需要加大学习力度，努力建设基于中文的开源社区，打造自主可控的开源生态。中文开源社区的建设，需要国家在开源相关政策法规、开源基金会等方面给予支持。另外，在开源背景下，“自主可控”的内涵还需要更新，不一定强调硬件设计和软件代码的权属，要更多地体现在对硬件设计方案和软件代码的认识、掌握、提升及应用能力等方面。

（七）积极推动国际合作并筹划布局跨国数据共享机制

在数字经济快速发展的背景下，中国应积极推进大数据技术和应用领域的国际合作，建立跨国数据交换机制，与其他国家分享数字经济红利，使中国获得更多的发展机遇和发展空间，积极推进数字经济下人类利益共同体和未来共享共同体的建设。目前，我国正在积极推进“一带一路”合作发展，各国将在所有合作领域提供大量数据。相关机构应该在确保数据安全的前提下，积极推进大数据治理领域的跨国合作，如在国家合作的各个领域建设大数据资源平台，为数字经济领域的国际合作奠定坚实基础。“一带一路”沿线国家大多是发展中国家，这些国家在技术和经济上都与发达国家存在巨大差距。数字经济这一新型经济形势带来的发展，将为包括中国在内的发展中国家的经济转型和发展提供历史性机遇。

（八）提前防范大数据发展带来的新问题

大数据的持续发展势必会带来一些新的问题。例如，数据垄断可能导致“黑洞”现象。基于对互联网行业布局较早的优势，一些计算机领域的龙头公司会持续地收集行业数据，从而形成一定程度的数据垄断。这种数据垄断不仅不利于整个互联网行业的健康发展，甚至可能对国家安全产生影响，并且数据和算法可能会导致更加严重的问题。大数据分析算法会根据不同的数据推导出用户的偏好并推荐内容，这虽然给用户带来了便利，但会导致人们只看到他们“想看到”的信息，最终使每个人都形成自身的“信息茧房”，从而将人们划分为一个个难以沟通和理解的群体，造成一系列的社会问题。

应该指出的是，以互联网为代表的新一代信息技术将在广度、深度和速度上带来前所未有的社会和经济变革。这些技术的发展将远远超出我们从工业社会获得的常识和理解，远远超出我们的预期。如何进一步加强对人们素质的培养，让其尽可能地适应信息社会，满足未来各种新兴行业的就业需求，这对政府来说是一个巨大的挑战。只有提高对大数据的认识，具备理解和解决大数据问题的基本素质和能力，才能积极防范大数据带来的新风险；只有加快培养适应未来需要的合格人才，才能在数字经济时代提高国家的综合竞争力。

第二节　人工智能未来发展趋势与诉求

一、人工智能技术发展趋势

（一）人工智能技术质量多种行业发展

人工智能的应用与很多领域都有一定的联系，如机器学习、语音识别、计算机视觉识别等。加快推动人工智能的发展，可以对很多领域实现技术突破起到推动作用，并且对实现技术创新、开发和商业应用也有不小的帮助。

基于人工智能强大的深度学习能力和计算能力，未来将深化与大数据、云计算、5G 通信等技术的融合，促进产业升级转型。在业务领域，通过智能数据分析改善用户体验，有助于提高用户黏性；在医学领域，它可以实现快速诊断，有助于减轻医生的负担，提高诊疗效率；在金融领域，金融风险控制的快速发展是通过机器学习和类脑计算实现的。通过技术集成开发，推动企业数字化进程，提高企业运营效率，为经济发展提供动力。

（二）边缘计算有望成为新的风口

随着物联网技术的不断发展，各类新型智能设备为大数据库提供了大量数据，对于边缘计算的研究也越来越受到业界关注。随着人工智能应用的不断扩展，位于数据中心等云端的人工智能应用普遍存在功耗高、实时性差、带宽不足、数据传输安全性低等问题。人工智能的计算将逐渐从云端迁移到边缘的嵌入式端。边缘智能可以确保实时结果与时间绑定，使结果不受网络干扰，并加快本地决策。人工智能在医疗、航空、无人驾驶等领域将有巨大的应用空间。边缘智能有望成为与云智能互补的决策系统，这也反映了从集中式计算向分布式计算转变的总趋势。随着 5G 时代的到来，构建更好的“智能边缘 + 智能云”复合系统可能会成为人们关注的焦点。

（三）人工智能技术将会与实体经济紧密结合

从技术本身来看，人工智能技术本身无法独立于工业之外而发展。要想使得人工智能技术在社会中发挥更大的作用，必须要保证人工智能技术与实际企业相互结合。从企业角度看，中国实体经济下行压力较大，传统企业发展情况不容乐观。加快实体经济与人工智能技术深度融合，打造新模式、新业态、新产业，改造传统产业，推进智能产业发展，将成为极具吸引力的发展方向。人工智能与实体经济的融合不仅是新旧经济转型的核心，也将为保障和改善民生提供更多、更好的途径。在零售领域，人工智能可以为零售商提供方便的库存和仓库管理；在教育领域，教师和学生可以同时获得个性化的智能教育体验；在智能城市领域，人工智能可以为智能城市提供强大的安全系统。

二、人工智能发展诉求

（一）营造良好的创业环境，充分发挥人工智能企业的主体作用

作为研发前期投入和风险较大的领域，人工智能创业者在起步阶段可能会面临资金不足、技术单一、市场不足等问题，尤其是在教育、医疗、旅游等行业，市场对于人工智能企业的接受度还有待进一步提升，政府监管若囿于惯性,将束缚人工智能企业创新和发展的进程。所以,政府需做到以下几点:首先，应当充分发挥市场的主体地位，提供优惠政策，鼓励企业自主选择、自强攻关、自发推广；其次，应当发展创新融资模式整合政府拨款、金融资本、民间资本和社会资本四方渠道，减少资金短缺对企业造成的压力；再次，建设以产业智能化为导向的新型创新区，加速科技创新资源的集聚，吸引优质项目、技术、人才，重点支持边缘智能等尖端领域的发展；最后，还应当抓住创业板的机遇窗口，积极搭台，推动人工智能企业上市融资，为企业提供良好的市场环境。

（二）培养与引进人才并举，促进人工智能与实体经济融合

高端复合型人才缺失制约着人工智能与实体经济的深度融合，虽然我国人工智能专业人才数量仅次于美国，但是高端人才严重不足。从现有人才分布来看，受薪酬、待遇等因素影响，人工智能高端人才通常集中于软件和互联网行业，而其他行业从业人员对人工智能概念的理解和技术的掌握难以支撑其智能化改造升级。从现有人才供给情况看，既了解行业又掌握人工智能关键技术，还能够进行应用开发的复合型人才严重缺乏。因此，一方面应当注重从小培养青少年的人工智能思维，并通过大学、研究院和企业合力培养高端人工智能人才，尤其是边缘智能领域的人才，联动产学研加速成果转化。另一方面，应当提供专项拨款，制定创业、落户等方面激励政策，大力引进优秀人工智能青年人才，并免除科研人员的后顾之忧。

（三）加强监管，健全人工智能法律法规

在人工智能逐渐融入实体经济的过程中，企业不仅可以进行各个层面的技术创新，也会推动各类商业模式创新。基于此，传统的监管模式与这些创

新商业模式并不适应，新时代必须采取更加精准有力的政策措施，改善企业，尤其是中小企业的监管环境。首先，应当研究并制定人工智能法规，构建与新产业相适配的规范，加强风险防控；其次，应当加强产品质量监督机制，从产品线的各个环节出发，实现全方位的科学监管；再次，应当加强对偏远地区的数字援助，缓解人工智能发展地区不平衡的现状；最后，为避免“一管就死，一放就乱”的情况发生，在政策制定前应当进行充分的考察与调研，切实了解相关企业的真实需求。

第三节　大数据与人工智能的融合发展

随着互联网信息技术的高度发展，新的技术不断地出现在人们的视野之中。大数据技术、区块链技术、云计算技术以及人工智能技术作为当今计算机技术领域的几个主要的分支，已经对社会的运行产生了深刻的影响。大数据技术与人工智能技术受到的市场关注较多，在信息时代彻底到来的今天，人工智能依托于大数据的技术，对人类的思考和行为逻辑进行了深度学习和模仿，进而去替代人工完成了一系列可创造出价值的工作。人工智能产品的智能程度受到大数据技术的影响，通过大数据对巨量数据的整合、分析、处理，才能使人工智能产品执行拟人化、类人化的操作。

人工智能与大数据技术的发展是相辅相成的。一方面，人工智能技术需要通过深度学习来提升自身系统的智能水平，而深度学习的技术核心就是大数据技术，大数据技术的不断向前发展的趋势势必会不断提升人工智能产品进行深度学习的效果。另一方面，人工智能在社会各个领域的广泛应用也会为大数据的数据库提供海量的数据。需要注意的是，与传统的数据录入方式不同，由于人工智能设备基本都具有联网功能，其产生和捕获的数据可以第一时间上传到大数据的数据库，而传统的数据录入多为文字和图片形式，数据格式单一。而人工智能设备除了能够上传文字和图片类的数据外，还能以音频和视频的形式将数据传输的数据库存，这也为大数据技术的进一步发展奠定了基础。大数据与人工智能发展方向如图 8-1 所示。

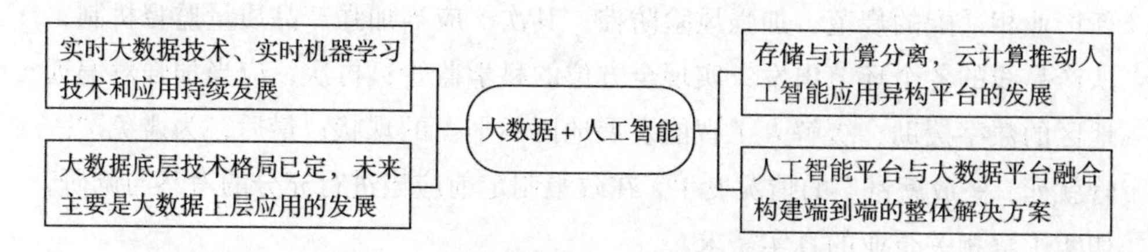

图 8-1　大数据与人工智能发展方向

大数据与人工智能技术深入结合的最终产物就是大数据智能技术。物联网技术、大数据技术、云计算技术和人工智能技术是四位一体同步发展的，如图 8-2 所示。

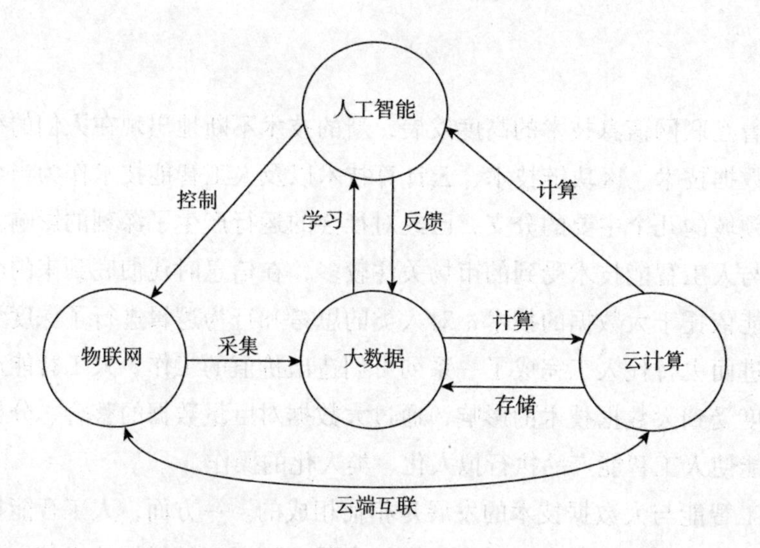

图 8-2　大数据智能技术四位一体

在可预见的未来里，智能时代的大部分智能设备在进行架构时都或多或少会跟这四个领域的技术产生交集。其中，物联网技术负责各式各样数据的自动采集，这些采集到的海量数据需要通过云计算技术进行记忆和储存。在这个过程中，云计算的并行计算能力也会对大数据进一步智能化起到促进作用。同时，人工智能技术的发展除了需要大数据所支持的深度学习技术外，也需要大规模云计算资源对其提供支撑，由这种形式构建出来的智能模型也能对物联网技术造成影响。

作为大数据与人工智能技术深入结合的最终产物，大数据智能技术将是传统信息化的终点，待大数据智能技术成熟之后，有关计算机信息技术的产业链会产生巨大变革。大数据智能技术所要实现的最终目标是以智能算法为基础，使智能产品在海量数据下实现人类深度洞察和决策判断，最终实现真正意义上的“人机一体”。大数据智能技术的发展，势必会对人类真正迈入高度智能化的社会起到举足轻重的作用。

参考文献

[1] 姚树春，周连生，张强，等 . 大数据技术与应用 [M]. 成都：西南交通大学出版社，2018.

[2] 曾凌静，黄金凤 . 人工智能与大数据导论 [M]. 成都: 电子科技大学出版社，2020.

[3] 天津滨海迅腾科技集团有限公司 . 走进大数据与人工智能 [M]. 天津：天津大学出版社，2018.

[4] 谭志明 . 健康医疗大数据与人工智能 [M]. 广州：华南理工大学出版社，2019.

[5] 常成 . 人工智能技术及应用 [M]. 西安：西安电子科技大学出版社，2021.

[6] 刘宝锺 . 大数据分类模型和算法研究 [M]. 昆明：云南大学出版社，2019.

[7] 熊赟，朱扬勇，陈志渊 . 大数据挖掘 [M]. 上海：上海科学技术出版社，2016.

[8] 陈永奇 . 大数据技术在物流管理中的应用 [J]. 中国航务周刊，2022（8）：51–53.

[9] 蔡枫芬 . 大数据技术在广播电视监测中的研究 [J]. 新闻传播，2022（4）：119–120.

[10] 薛俊海，李晋泰，张承，等 . 大数据技术在计算机信息安全中的应用研究 [J]. 网络安全技术与应用，2022（2）：70–71.

[11] 徐航，张冬冬 . 大数据技术在网络安全分析中的应用 [J]. 数字技术与应用，2022，40（1）：240–242.

[12] 杨青 . 大数据技术在生态环境领域的应用综述 [J]. 电脑知识与技术，2022，18（3）：23–24.

[13] 赵启林 . 浅析大数据技术在交通领域的应用 [J]. 科技传播，2020，12（8）：103–104.

[14] 张卜月 . 大数据技术原理与应用探微 [J]. 通讯世界，2019，26（1）：138.
[15] 张慧 . 大数据技术在电子商务课程教学中的应用 [J]. 通讯世界，2019，26（7）：326–327.
[16] 梁冠宇 . 人工智能应用于教育的伦理风险与规避 [D]. 太原：山西大学，2021.
[17] 张海滨 . 大数据技术在房屋安全管理中的应用 [J]. 中国建筑装饰装修，2022（6）：33–35.
[18] 石磊 . 大数据技术在生态环境保护中的应用 [J]. 资源节约与环保，2022（3）：15–18.
[19] 窦存玺 . 大数据技术在城商行信用风险管理中的应用探讨 [J]. 中国市场，2022（9）：189–190.
[20] 张敏，刘美娇 . 大数据技术下高校思想政治教育工作研究 [J]. 阜阳职业技术学院学报，2022，33（1）：19–23.
[21] 沙之洲 . 大数据时代下人工智能在计算机网络技术中的应用 [J]. 电子元器件与信息技术，2022，6（1）：87–88.
[22] 高旭瑞，吴菊英，安龙，等 . 人工智能在大数据技术中的应用 [J]. 电子技术，2022，51（1）：248–249.
[23] 马婷，陈清财 . 基于开放医疗大数据的人工智能研究 [J]. 医学与哲学，2022，43（1）：1–4.
[24] 于淏璁 . 大数据时代人工智能技术在网络空间安全中的应用研究 [J]. 无线互联科技，2021，18（24）：110–111.
[25] 朱敏 . 基于人工智能技术的物联网大数据挖掘算法 [J]. 黑龙江工业学院学报（综合版），2021，21（12）：54–59.
[26] 张佩佩 . 基于大数据挖掘的移动通信网络故障诊断方法研究 [D]. 南京：南京邮电大学，2021.
[27] 邓扬鑫 . 基于大数据挖掘的基站流量预测与覆盖优化算法研究 [D]. 南京：南京邮电大学，2021.

[28] 李步青 . 基于大数据挖掘的学生行为分析系统的研究与开发 [D]. 杭州：浙江农林大学，2021.
[29] 洪燕 . 基于不动产大数据的城市房屋数据分析与挖掘研究 [D]. 南京：南京林业大学，2021.
[30] 李泽 . 基于交通大数据的智能挖掘与应用研究 [D]. 青岛：青岛科技大学，2021.
[31] 卢煌煌 . 基于大数据聚类挖掘的铁路工程地质条件评价模型研究 [D]. 成都：电子科技大学，2021.
[32] 杨俊超 . 基于大数据分析与挖掘的铁路沉降灾害预警模型研究 [D]. 成都：电子科技大学，2021.
[33] 金劭南 . 基于大数据分析与挖掘的铁路滑坡灾害监测预警模型研究 [D]. 成都：电子科技大学，2021.
[34] 晏昃晖 . 基于工业大数据的数据挖掘平台研究与实现 [D]. 成都：电子科技大学，2021.
[35] 涂志伟 . 基于深度学习的目标检测人工智能算法研究 [D]. 深圳：深圳大学，2020.
[36] 胡科 . 基于深度学习的贝母分类算法研究与实现 [D]. 成都：成都大学，2020.
[37] 魏雅玲 . 大数据时代个人金融信息的法律保护研究 [D]. 南宁：广西大学，2021.
[38] 曾啸雨 . 大数据时代个人所得税征管问题研究 [D]. 南昌：华东交通大学，2021.
[39] 张金硕 . 基于人工智能的音视频内容检索系统的设计与实现 [D]. 北京：北京邮电大学，2021.
[40] 胡鹏飞 . 基于云计算的电力系统数据挖掘研究与实现 [D]. 成都：电子科技大学，2021.
[41] 刘笑寒 . 论刑事审判中的大数据证据 [D]. 济南：山东大学，2020.
[42] 邢亭亭 . 大数据时代下数据开放的法律规制研究 [D]. 济南：山东大学，2020.

[43] 马鸿润．面向人工智能育种的大豆种子表型特征数据采集与分析 [D]. 济南：山东大学，2020.
[44] 涂志伟．基于深度学习的目标检测人工智能算法研究 [D]. 深圳：深圳大学，2020.
[45] 蔡觉锐．基于云计算平台的企业项目管理系统的设计 [D]. 广州：广东工业大学，2020.
[46] 曹中．基于深度学习的智能导学系统设计 [D]. 北京：北京交通大学，2020.
[47] 董聪瀚．基于云计算的物联网数据挖掘技术研究 [D]. 长春：长春理工大学，2019.
[48] 崔瑀．基于 Hadoop 海量电信数据云计算平台研究与实现 [D]. 哈尔滨：哈尔滨理工大学，2019.
[49] 李雪丽．云计算环境下空间大数据存储索引机制研究 [D]. 赣州：江西理工大学，2019.
[50] 李星．基于云计算的数据挖掘算法并行化研究与实现 [D]. 南京：南京邮电大学，2018.
[51] 赵骏志．基于云计算的企业项目管理系统的研究与实现 [D]. 南京：南京邮电大学，2018.
[52] 姚金．基于云计算的教育资源共享方案研究 [D]. 南京：南京邮电大学，2017.
[53] 卢晶．基于云计算的分布式聚类算法研究 [D]. 沈阳：沈阳工业大学，2018.
[54] 吴宗泽．基于云计算的变异检测算法的设计与实现 [D]. 广州：华南理工大学，2018.